智慧大脑

高水平思考的大脑认知训练

The Wisdom Paradox

How Your Mind Can Grow Stronger As Your Brain Grows Older

（Elkhonon Goldberg）

[美] 艾克纳恩·戈德堡 著

伍拾一 译

中信出版集团

图书在版编目（CIP）数据

智慧大脑：高水平思考的大脑认知训练 /（美）艾克纳恩 · 戈德堡著；伍拾一译 . -- 北京：中信出版社，2019.7（2019.12重印）

书名原文：The WISDOM PARADOX：how your mind can grow stronger as your brain grows older

ISBN 978-7-5217-0360-3

Ⅰ . ①智…　Ⅱ . ①艾… ②伍…　Ⅲ . ①思维训练－通俗读物 . Ⅳ . ① B80-49

中国版本图书馆 CIP 数据核字（2019）第 063832 号

智慧大脑：高水平思考的大脑认知训练

著　　者：［美］艾克纳恩 · 戈德堡
译　　者：伍拾一
出版发行：中信出版集团股份有限公司
（北京市朝阳区惠新东街甲 4 号富盛大厦 2 座　邮编　100029）
承 印 者：河北鹏润印刷有限公司

开　　本：880mm × 1230mm　1/32　　印　　张：11　　字　　数：237 千字
版　　次：2019 年 7 月第 1 版　　印　　次：2019 年12月第 2 次印刷
京权图字：01-2019-2791　　广告经营许可证：京朝工商广字第 8087 号
书　　号：ISBN 978-7-5217-0360-3
定　　价：58.00 元

服务热线：400-600-8099
投稿邮箱：author@citicpub.com

献给婴儿潮一代的我们——勇往直前的一代

目 录

智慧始于好奇心。

——苏格拉底

中文版序言

写作《智慧大脑》《创新大脑》《决策大脑》这一系列的三本书的目的是希望引起广大读者的兴趣，无论他们是受过教育的普通读者，还是“大脑专家”。我很高兴有机会向中国的广大读者介绍我的书。

这三本书的写作过程和写作时间虽然各不相同，但书的主题——智慧、创造力和复杂决策力——却紧密相连：三者都是人类认知最复杂的表现形式，也都是神经生物学和文化之间复杂的相互作用的产物。然而，这种相互作用的本质往往被人们所忽视。因此，在传统上，关于智慧、创造力和决策力的研究要么被严格限定在神经生物学框架内，要么被严格限定在社会经济学框架内。为了让读者更好地了解神经生物学和文化在人类思维的塑造和运作方面是如何相互作用的，我试图在写作中克服这种狭隘，尽量把三本书都写得更生动一些。

崇尚智慧是中国古代文化的一大主题，但只有通过研究大脑（复杂的神经生物学实体）和文化（塑造和影响智慧的丰富环境）之间的相互作用，才能理解智慧。在过去，尽管人们普遍赞赏智慧，但却无法真正理解智慧的本质。随着现代神经科学的出现，这种情况有所改观。书中研究的具体机制是大脑形成和识别模式的一般能力。这种能力深植于生物大脑中，但赋予它功用和意义的却是丰富环境、多元知识和各种认知挑战的影响。在这个系列的第一本书《智慧大脑》中，我研究了这种相互作用及其随着年龄增长而出现的演变方式，也研究了模式识别机制如何保护大脑免受衰老的有害影响，甚至可能让正在衰老的大脑拥有一定的优势。在某种程度上，写这么一本关于大脑老化的书是为了了解我自己的衰老过程。作为一个个体，我的焦虑不比世界各地的同龄人少，我想中国的同龄人也是一样。不过，作为神经学家和神经心理学家，我觉得自己在理解复杂的大脑衰老过程方面有几分“近水楼台先得月”的优势，因而很想和大家分享这种理解。不同于强调与老化相关的损失的典型观点，我在《智慧大脑》中探求了认知老化的积极方面。

在这个系列的第二本书《创新大脑》中，我们再次面对模式识别和大脑老化，研究了创造性过程中新旧事物之间的关系和数字化革命改变大脑老化进程的方式。但创造力远不止如此。人们习惯将智慧和衰老联系在一起，将创造力和年轻联系在一起。你可以将创造力和智慧视为支撑美好生活的两大支柱，尽管这一假设面临很多字面上的简单挑战。从这个意义上说，这个系列的前两本书是相辅相成的，虽然它们的顺序反了——《智慧大脑》在前，《创新大脑》在后。值得注意的是，这种从年老到年轻的顺序与中国社会的发展轨迹不谋而合。中国历来以古老的智慧而闻名，但在过去几十年里，却凭借其人民的蓬勃朝气而一跃成为尖端创新的前沿阵地。

直到近代，创造力还被认为是一个不适合进行严格的科学研究的隐晦学科。这种情况在几十年里几乎没有什么变化，但在今天，创造力已经成了最吸引眼球的话题之一，引起了神经学家、心理学家、教育工作者、行业领袖和公众的兴趣。这种不断增长的兴趣反映了社会变革越来越快，也反映了神经科学的巨大进步。现代神经科学拥有各种神经成像工具、遗传学工具以及完善的认知结构，这些在几十年前还都是一片空白。今天，全球几所顶尖大学都设有创造力研究中心，中国的上海科技大学也是其中一员。

我对创造力的兴趣源于我长期以来对大脑如何处理新奇事物的研究。认知新奇事物是创造力的必要前提，尽管它并非唯一前提。越来越多的证据表明，在左右半脑中，右半脑处理新奇事物的能力要好得多，而左半脑要依靠以前获得的知识和技能才能更好地处理信息。不过，两者都会参与创造性过程和其他形式的复杂认知，尽管参与方式截然不同。左右半脑之间的分工并非人类独有，它似乎普遍存在于生物进化的过程之中。

以上这些主题在《创新大脑》这本书里均有涉及，同时我也探讨了很多其他主题，跨文化研究的重要性就是其中之一。我在写作《创新大脑》的同时也在研究文献，我发现几乎所有的相关研究都是在北美和西欧进行的。但西方并不独占创造力！要充分认识人类创造力的本质，我们就必须在多元文化环境下进行研究，其中不能缺少丰富的亚洲文化环境。因此，为了写这本书，我和我的同事们决定在印度尼西亚的日惹市和巴厘岛这两个艺术孵化中心开展关于艺术创造力机制的跨文化研究。

任何创造性过程都离不开先验知识和新认识的融合，但还必须具备第三个非常重要的组成部分，即理清优先次序、确定重要事项以及关注显著性内容的能力。这时就轮到额叶出场了。额叶，更确切地说是前额皮质，在大脑构造中“鹤立鸡群”，其作用相当于管弦乐队的指挥或大公司的首席执行官。

前额皮质负责产生行为的目标和计划，无论你是在做决策、做预测，还是在确定多个竞争性目标的优先次序，或在批判性地评价一个人的行为后果。它还负责冲动控制和心理灵活性。这就是额叶的功能通常会被称为“执行功能”的原因。前额皮质在生物进化过程中出现得很晚，而人类的前额皮质特别发达。它需要最长的时间才能发育成熟，这种成熟时间表似乎与人类被视为成年人的年龄相对应——拥有“成年人”的所有权利，也要承担“成年人”的所有义务。这个系列的第三本书《决策大脑》讲述了大脑在特别依赖额叶的情况下如何进行复杂决策。在很大程度上，这本书要归功于我自己长期以来对额叶和执行功能的兴趣，以及我和同事们多年以来进行的研究。

今天，我们越来越多地听说人工智能。就其起源而言，人工智能的概念当然完全受生物大脑的启发，但其发展却逐渐跳出了神经生物学框架。神经科学还有可能为人工智能的发展提供有益见解吗？还是已然“江郎才尽”？在《决策大脑》中，我探讨了如何将生物大脑的某些特性引入人工智能架构的设计中。大脑研究和人工智能的协同效应是21世纪一个特别渊博的课题，或许值得写一本新书。展望未来，这样一本书很可能出自一位中国科学家之手。

直到最近，北美和西欧仍几乎主导着神经心理学研究。但在过去的几十年里，一个巨大的变化开始出现，并一直持续至今：中国正在加速崛起为顶尖神经科学的发源地。今天，中国的神经科学家在大脑研究科学成果的质量和数量上无疑都处于世界领先地位，按照这样的趋势，中国很有可能成为领跑者。从尖端大脑研究领域的“小白”到“高手”，中国神经科学的发展速度之快令人震惊。对我来说，这意味着有机会和中国同行建立联系、交流想法，并最终展开科学合作，这一点尤其让我感到激动。

也希望我的这三本书会让普通读者感兴趣。中国是一个融合了古老智慧和现代创造力的国家。总的来说，这两个特点决定了中国的过去和现在。随着中国重获世界文化、科学和学习中心的历史地位，它们也将决定中国的未来。我非常期待通过这本书与这个迷人而又充满活力的社会展开互动。

艾克纳恩·戈德堡

2019 年于纽约

前 言

一名出生于婴儿潮时代的认知神经科学家的思考

列夫·托尔斯泰在《安娜·卡列尼娜》开篇写道，不幸的家庭各有各的不幸。中年危机也各有不同。30岁时我首次察觉到中年危机的阴影，就此开始寻找情感宣泄的途径。一种奇特的时间对称感出现了。平生第一次，我觉得过去和未来同等重要，并急切地希望一探究竟。我突然想要盘点自己的人生，拼接起松散杂乱的碎片。26年来，我第一次回到故土，找寻半辈子没联系过的老朋友。我写了一本书，算是一本知识分子回忆录，试图以连贯的视角来看待我的过去、现在和未来。

出于切实存在的理由，我也决定评估一下多年来身体受到的损害，这并非突发奇想或者出于实验目的。在疏忽了多年之后，我经历了一次漫长的全面体检。我很高兴地发现，各项医学指标都显示我的健康状况良好。从生理学上来说，我要比实际年龄看起来更加年轻。尽管高兴，但我并不特别惊讶，因为我感觉身体状况很好，精力也没有随着年龄的增长而下降。

怀揣惶恐与不安，我又做了脑部 MRI（核磁共振成像），以此察看日益老化的大脑结构。我的智力并没有呈现下降的迹象。相反，我有充分的理由相信我的认知能力良好：我刚刚出版了一本相当畅销的书。我仍旧去世界各地演讲，无须借助笔记就能侥幸应对听众提出的那些技术性问题。任何时候，我都能同时处理很多事，通常还不会出错。我的精神生活充实而丰富。我在神经心理学方面的个人研究和事业蒸蒸日上。偶尔我还会戏谑比我年轻得多的助手和研究生，取笑他们的体能和注意力都不如我。

然而，我知道自己携带某种基因。我的父系遗传和母系遗传中均未发现痴呆症的基因，但我母亲在 95 岁高龄死于中风。她的弟弟基本属于大脑健康的人，但患有一种好发于高龄的脑血管疾病“多发性脑梗塞”。他的病情是我根据他的脑部 MRI 结果诊断出来的。

更重要的是，多年来我的生活方式并不是很健康。我成长在俄罗斯（确切地说是苏联），27 岁那年来到美国。虽然摆脱了苏联的政治体制，但我保留了许多自我毁灭式的生活习惯。我十几岁就开始抽烟，一直到四十岁出头才成功戒烟。我喝起酒来也比美国的中年犹太裔知识分子多得多。总之，我的生活里积攒了太多“毒素”，早晚会为此付出代价。

作为一名认知神经科学家，我习惯在实验室里从理论角度冷静地观察大脑。作为一名临床神经心理学家，我能够敏锐地观察到脑功能障碍和脑损伤的细微症状——我指的是别人的脑损伤。MRI 检查意味着我将清清楚楚地发现我的大脑的所有潜在问题，这让我感到非常害怕。

这种矛盾并非是我独有。偶尔和朋友——其中包括世界著名的神经学家、神经病学家和精神病学家——聊天时，他们都说自己只对颈部以下的身体部位感兴趣，脑袋里装的是什么，他们根本不想知道。这种不可知论的声明总是伴随着一阵神经质的窃笑，我能理解他们。

但对我而言，对事物的未知通常代表着焦虑，而清晰地了解则总能起到积极作用，无论了解到的内容是好还是坏。朋友和对手通常会用不太好听的动物绰号形容我的性格特征，但他们从未将我比作“鸵鸟”。我一直很自豪于自己勇往直前的个性，现在我的脑袋正要进入脑部扫描设备的磁体线圈中。神经外科医生吉姆·休斯是我的朋友，起初我请他为我做 MRI 检查时，他对此嗤之以鼻，并且努力说服我放弃这个想法。

“如果发现良性肿瘤怎么办？”吉姆一直说，“你的生活会被痛苦毁掉！”他举出哈维·库欣的例子，后者堪称美国神经外科之父，但他自己的脑袋里就长了良性肿瘤。

对此，我自信地答道：“我的内心足够强大，肯定能理智地应对任何结果，而且不管怎么说，知道总比不知道好。”

“要是我们在你的大脑里发现什么问题，那么我的生活会被痛苦毁掉！”吉姆恼怒地说。

经过一番争论，我们达成一致：为了满足我病态的好奇心，吉姆可以接受余生忍受折磨这一代价。我得到了吉姆的默许。

作为认知神经科学家和临床神经心理学家，35 年来我一直在研究各类脑损伤对人类心智的影响，也观察和分析过成百上千的脑部 CT（电子计算机断层扫描）和 MRI，但将要观察我自己的脑扫描图像还是第一次。我比大多数人更了解，即使是最细微的脑损伤，也能给人们的智力和心灵带来灾难性的影响。但归根到底，我对吉姆说的每一句话都发自肺腑。我相信我能接受任何消息，包括坏消息，而且在任何情况下，了然都比无知更可取。所以，在一个阳光明媚的四月天，我走进了位于曼哈顿中城哥伦布圆环的 MRI 大楼。

几天后我拿到了报告和图像（这些通常不允许交给病人，但我算是同行）。结果看起来不算糟糕，但也不算特别美好。放射科医生对我的脑沟（大脑表面类似核桃一样的褶皱）和脑室（大脑内部充满脑脊液的腔室）的描述是“大小正常”。据我自己观察，脑沟确实如此，但脑室看起来有些大，即便已经考虑到因为年龄增长而带来的预期膨胀（“扩大”的技术用语）。这意味着我在一定程度上出现了脑萎缩。此外，报告中还提到左半脑有两小片区域的脑白质（连接大脑不同部位且被包裹在一种叫作髓磷脂的白色脂肪组织里的神经纤维）信号强度增高。我能看出来。这种检查结果不明确。对我而言，它们很可能是缺血性病变的表现，部分脑组织由于供氧不足而坏死：它们也可能反映了某些区域髓磷脂的减少——这种解释的可能性较小。按照我自己的理解，我出现了轻微的脑损伤。

不全是坏消息。我的颈动脉和基底动脉“流动正常”，且未见明显弥散。这表明我的主动脉干干净净，没有堵塞，没有脂肪堆积的迹象，表明我的血管非常强壮。这与我几个月前体检时接受的一项常规颈动脉多普勒超声检查的结果相同。结合有点高但基本正常的血压来看，这些检查结果意味着我有幸远离了突发严重中风和动脉瘤破裂的可能。海马体（已知的对形成记忆很重要的海马形状的脑结构）大小正常——这绝对是好消息，因为海马体萎缩通常是老年痴呆的先兆。

为了平息焦虑，我拜访了纽约的一位顶尖神经病学家——曾供职于纽约长老会医院（很多年前刚移民至美国时，我在这里得到了第一个工作职位）的约翰·卡罗纳博士。卡罗纳博士相当和蔼可亲，他对我进行仔细检查，观察我的扫描胶片，还把它们展示给康奈尔大学威尔医学院神经系放射学的负责人同事。他们得出了相同的结论，对我这个年龄来说，一切正常，包括两处缺血的“斑状”（形容“小”的一种独特说法）区域。

“就是一个好用的大脑，没别的了。”卡罗纳说，带着他一贯讨人喜欢的幽默感。

然而，目睹过成百上千的扫描图像，我始终觉得我的脑室比同龄人的要大，而且图像上显示的微小缺血性病变并非全是老龄化的结果。为了解决这个问题，我给老朋友桑福德·安廷看了我的扫描图像。桑福德是纽约最有经验的神经系放射学家之一，我曾经和他合作过科学生涯中最具影响性的项目。

桑福德看了 MRI 图像，立即将一处斑状病变作为伪影排除了，并且自信且翔实地向我解释了伪影的形成过程。随后，他宣布另一处斑状病变“无关紧要”，断言我的脑沟和脑回（脑沟之间的隆起）“无比正常”，同时还夸赞了我的“完美大脑”。

至此，我终于解除了忧虑。回想起来，我发现这次脑扫描体验在神经学和神经心理学上都非常有趣。从神经学和神经心理学角度来说，超过一定的年龄，人们应该像我一样在常规体检中增加脑扫描项目，不需要年年检查，但至少三五年要检查一次。我们都知道预防检测的效用，也知道随着年龄的增长，我们会增添各种各样的苦恼。事实上，在医疗机构的推动下，人们已经普遍接受能够预防结肠癌的结肠镜检查以及乳腺癌筛查、前列腺癌筛查等。但脑扫描向来不在这种预防检查之列，好像大脑不是身体部位似的。这看上去非常不合情理，因为老龄人中痴呆症的发病率很高，而且通常超过其他疾病的发病率。

智力、大脑和肉体

这种不合情理又令人遗憾的状态可能基于两种心照不宣的假设，一种来自普罗大众，一种来自健康专家。直到最近，按照医学和健康学的标准，多数人仍然认为智力不属于生物学意义上的存在。这无疑是一种误解，是长久以来笛卡儿身心二元论的产物。如今，受过教育的美国公众越来越能理解，智力既是大脑的一部分，也是人体的一部分。这是本书要探讨的主题之一。

在健康专家看来，痴呆症早期大脑诊断的有用性值得怀疑，理由是“反正我们对此无能为力”。换成军事术语，就是这类信息不具备“行动性”，是无用信息，只会让病人心烦，而且缺乏治疗方案，只会给社会带来不必要的经济负担。由于预防大脑衰退的各种药理学和非药理学方法的涌现，这种潜在假设（有时也不那么隐晦）正在迅速过时，虽然10年前它还“准确无误”。简单地说，“无能为力”的假设已经不再准确。

尽管论证很合理，但我首先得承认我的举动是神经症的一种表现。我可以肯定地说，对衰老产生一种神经质的反应，在数百万同龄人当中十分常见，无论你多么开朗（而且可能越开朗的人反应越大）。它可能表现为很多形式。作为神经学家，我立刻预约了脑部MRI检查。其他人则以不同的方式应对他们的老年期神经症。神经症通常表现为否认，或者更确切地说，是拒绝知道。我在几个同事身上见过这种反应。

我的这段经历为现代社会认真思考大脑衰老过程中智力的退化问题提供了一个出发点。正如自然界和生活中的多数事物一样，脑健康和脑损伤并非简单的二元对立，其中存在着灰色地带……即使涉及脑灰质，也可以这么说。

“婴儿潮”的表述具有明显的美国烙印，但这种现象本身普遍存在。“二战”结束后的10年里，欧洲、苏联和北美地区的人口出生率呈爆发式增长。如今，社会越来越关注“老年痴呆症的蔓延”，全球数百万有见识的同龄人和我一样焦虑。他们中的很多人，可能是大多数人，和我一样携带某种问题基因。在他们的焦虑中，哪些是神经质的，哪些又是合乎情理的？

出于现实的考虑也好，出于神经质也罢，人们普遍会对智力的状态感到焦虑，尤其是在“中年成熟期”到来之际。而对我来说，不管智力的状态是好是坏，我都能通过专业知识进行解释。我知道大脑如何运转，也知道大脑运转不正常的种种表现。我和大多数焦虑的同龄人的不同就在于，我是一名脑科学家和临床医生，每天都在为智力退化和患有老年痴呆症的人诊断并治疗各种脑损伤问题。这也许会让我在焦虑中得到的体悟更能启发别人。因此，身为一名正在衰老的神经学家，我希望我的思考会对各行各业的同龄人有益、有用。

年轻时，对未知的渴望驱使我们前进，我们敢于冒险。而到如今这个年纪，人们常挂嘴边的是向往稳定。“稳定”是否必然等同于“停滞”？增龄性心智改变是否全都是损失，还是说其中也有一些好处？随着对自身心理状态的反思，我得出结论：尽管我很焦虑，且患上流行病的概率越来越高，但事情并非只有坏的一面。凭着某种直觉，我略感满意地发现，总体上我并不比30年前更笨。我的心智并不糊涂，事实上在某些方面比以前更强。出于心理上对老龄化效应的防范（希望现实中也能如此），我发现自己一直在推动自己前进。我和“停滞”展开了一场永无止境的搏斗。太过安逸的生活犹如一潭死水，我不想沉沦其中。

我在反思中发现，即使存在变化，我也不可能通过定量比较获得认知。总体来说，我的智力和数十年前相比既没有变低也没有变高，它只是不一样了。解决问题的方式变得更接近于模式识别。我不太擅长费心劳力的心理运算，不过也几乎没必要依靠它们。20岁出头的时候，我骄傲（有点轻率）于自己不做笔记就能领会一场关于高等数学的主题深奥的讲座，还能在几个月后通过考试。要是现在的57岁“高龄”，我甚至都不会尝试这样的壮举，太难了！

但其他事情变得容易起来。我的头脑里发生了前所未有的迷人变化。通常，当我面对外界的挑战时，总能莫名规避、放弃无用的心理运算，仿佛变魔术一般。解决方案似乎毫不费力地就自行出现了。年龄的增长让我失去了思考难题的能力，但我似乎收获了几乎称得上不对等的顿悟的能力。

反思中另一个有意思的地方是：我在努力解决难题时，经常会冒出看似漫无边际的联想，它仿佛一阵及时雨，乍一看与问题无关，最后却能形成非常有效的问题解决方案。过去互相独立的事物如今展现出它们之间的联系，这件事发生得同样毫不费力、自动自发。虽然对智力生活来说，我表现得更像是意外之喜的被动接受者而不是主动代理人。我一直努力想要跨越专业领域和其他知识领域的界限，随着“冒出”现象的频繁发生，我发现这种“头脑魔法”富有成效且令人满意，就像一个孩子找到了被藏起来的饼干罐，并且因为逃脱了惩罚而欢欣鼓舞。

还有一个更深刻的发现，几乎好到令我不敢承认：掌控自己生活的感觉，就像我以前从未体验过一样。也许听起来像患了轻微躁狂症（我没有，所以才能随意地说出来），我越来越感觉生活是一场盛宴，而过去我经常觉得生活是一场奋斗。尽管人们知道在生物学上，盛宴必然有终结的时候，但也许正是因为这种认识，他们才涌现出一种想要延长盛宴的冲动，强烈得如同大自然生发出来的力量，并且随着年龄的增长越来越强。衰老的过程中充满矛盾——虽惊异于它带来的影响，但仍遵循延长盛宴的内驱力。因为人生并非一条直通衰老的单行道，还包含着生存、剖析、理解和享受带来的起伏变化。

当你不用费力就能立刻想出对策时，这些奇特的精神活动现象是什么呢？是衰老的馈赠吗？还是圣人口中的“智慧”呢？起初，我害怕失去理智，唯恐自己对智慧奥秘的探求沦为一种愚蠢的行径。我试图远离诗意的语言，坚持使用占据了我大部分人生的严谨的科学语言，不谈“智慧”，而是谈谈“模式识别”。

但是，虽然我告诫自己不要过度解读，却越来越经不起它们的诱惑。这种矛盾激起了我浓厚的兴趣，渐渐呈现为一个新名词：智慧的悖论。我们的思想是大脑这个生物机体运行的结果。尽管大脑可能会老化、改变，但这一进程的每一阶段都会赋予你全新而不同的快乐和优势，同时伴随着失去和妥协，就像自然界的一年四季。如果我们年轻时用好奇和探索播下思想的种子，并在人生的成长历程中进行照料和培育，那么智慧就是思想作物丰收的果实。只有这样，我们才能真正享受到音乐巨星法兰克·辛纳屈（Frank Sinatra）所说的“黄金岁月”。于是我深吸一口气，一头扎进这个新项目，要写一本关于人类智力的书，将勇气化作智慧。在着手写作时，我不禁想到智慧这一概念包含认知、伦理和存在三个维度，内涵太过丰富，远非一本书或一个人就能探究它的全部。因此，我特意将本书的范围限制在智慧的认知维度——这诚然是一个狭隘的视角，但非常值得探究。

本书概述

本书将综合各方面的内容，用紧凑的主题解读智慧的多面性。书中一些章节提到了历史和文化（第 3、4、5、12 章），一些章节聚焦于心理学（第 1、4、5、8、9、10、11、12 章），还有一些章节更偏向于大脑的构造、作用、功能以及功能失常的专业问题（第

2、6、13、14 章）。最后，我谈到了如何预防大脑的老化（第 14、15 章以及尾声）。这些看似不相干的主题由一条连贯的逻辑主线串联并直指核心问题：是什么让老化的大脑取得了非凡的思想成就，我们又该如何提高这种能力？为了保护病人的隐私，我使用了化名，但他们的故事是真实的。我也尽可能解释了在文中首次出现的术语。

第 1 章“大脑的一生”将简单介绍大脑如何为看似普通的日常活动提供动力。第 2 章“大脑的四季”讲述了脑发育、脑成熟以及脑老化的过程，借以引出本书的核心问题：老化的大脑何以创造非凡的成就？为了详细说明这一点，我在第 3 章“历史上拥有强大思想的老年人”里回顾了几位历史名人，尽管他们年龄很大甚至有的患有老年痴呆，但他们仍在各自领域创造过丰功伟绩。大脑对增龄性衰退的恢复力远比大多数人想象中的强，而且你会发现一些极为惊人的例证。

接着，我们会进一步研究年龄增长带来的好处——智慧、专业知识和能力（见第 4 章“文明孕育的智慧”）。随后我们将探讨本书的一个核心概念——模式识别。我们会研究不同类型的模式识别以及它们在大脑运行过程中所起的作用。语言就是一种模式识别系统，但人类的认知中还运转着许多其他类似的系统（见第 5 章“模式的力量”）。

现在是时候研究大脑中如何形成模式以及模式与记忆之间的关系了（见第 6 章“探索记忆机制”）。事实证明，所有的模式都是一种记忆，但并非所有的记忆都能形成模式。在第 7 章“永不消逝的记忆”里，我们探讨的主题是，模式究竟与其他类型的记忆有什么区别，以及模式为什么不像其他类型的记忆那样容易衰退。

成熟的模式识别机制如何帮助我们应对日常生活，这种脑力机制因何得以触发？第8章“记忆、模式和智慧”将讨论该主题。同时，我们还会介绍“描述性知识”（回答“是什么”）和“规范性知识”（回答“怎么做”）的关键区别。

回答“怎么做”的规范性知识，事实上对我们每一次的努力是否能成功至关重要。积累和存储这种知识的能力依赖于大脑额叶，而它特别容易受到增龄性衰退的影响。额叶在认知中的关键作用是第9章“‘预先’决策”的主题。

二元性是大脑的主要特征之一，至今仍是个谜。为什么大脑会分成两半？人们提出了无数理论和推测来解释大脑的这个根本特征，但谁也没有解开谜题。我们将研究关于大脑二元性的全新观点：右半脑主管“新奇”，左半脑存储成熟模式。这意味着随着年龄的增长和更多模式的积累，左右半脑之间的“势均力敌”将逐渐改变：右半脑的作用减少，左半脑的作用增加。随着年龄的增长，我们越来越依赖左半脑，越来越频繁地使用它。我们会在第10章“二元大脑：新奇与常规”和第11章“运转中的大脑二元性”里探讨这一全新观点。

大脑两个半球之间的分工不仅影响认知，也表现在情感上：左半脑产生积极情绪，右半脑产生消极情绪。这与不同的认知方式以及年龄增长有什么关系呢？第12章“抑郁症——服用百忧解的麦哲伦”将对此进行研究。

衰老对大脑两个半球的影响并不相同：虽然右半球会“萎缩”，但左半球却展示出了较强的恢复力。第13章“夏季的一个下雨天”将阐述这一点。这种神奇现象的背后隐藏着怎样不同的原因呢？答案就是第 14 章“勤动脑、多受益”里讨论的大脑终身可塑性。与多数科学家长期秉持的信念相反，只要我们活着，大脑就会产生新的神经细胞（神经元）。新神经元的产生和死亡由脑力活动调控。我们越多使用大脑，越能生成更多的新神经元，而这些新神经元会在大脑最常使用的部位死去。随着年龄的增长，我们越来越多地使用左半脑，从而防止了它的衰退。

这就引出了一个惊人的推论，它在几年前还被视为异想天开：你可以通过锻炼大脑来延长它的使用期限。第 15 章“认知训练”里，我们将介绍一些训练大脑的训练方式。

我们在尾声“智慧的价值”中进行了总结。总体来说，衰老并非全是坏事。事实上，它也许值得期待和享受。如果我们珍视智慧，那么衰老是为获得智慧付出的公平代价。

就让我们一起探索年龄增长所带来的智慧的悖论吧。

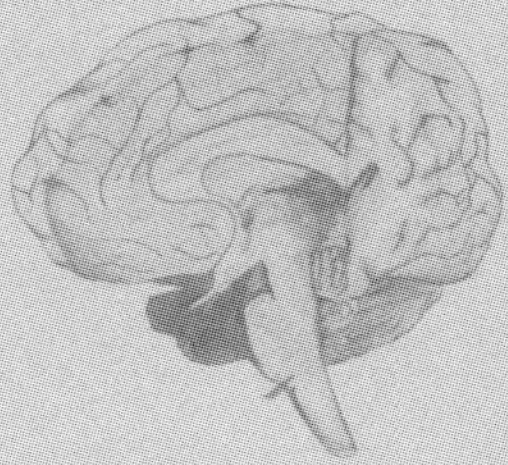

大脑的一生

第 1 章

这就是大脑

多数人认为智慧、能力或专业知识不属于生物学范畴，但事实正好相反。一般来说，大部分人模糊地知道心智是大脑的产物，但很难理解两者的紧密联系。尽管在抽象意义上接受了心智与大脑的联系，但多数人并未从日常生活的角度对其加以理解。这要归咎于“身心二元论”的顽固影响——与勒内·笛卡儿密切相关的一种哲学教条（尽管有些哲学系学生认为这种说法并不公平），它强调大脑和心灵互不相关，且心灵独立于肉体而存在。论述这一课题的作品多如牛毛，比如安东尼奥·达马西奥（Artonio Damasio）的《笛卡儿的错误》（*Descartes' Error:Emotion,Reason,and the Human Brain*）以及史蒂文·平克（Steven Pinker）的《白板：科学常识所揭示的人性奥秘》（*The Blank Slate:The Modern Denital of Human Nature*）。几个世纪以来，人们一直无法理解“心智是肉体的产物”这一观念，结果激发出关于矮人—— 一个小生物坐在我们的大脑里努力思考，以及“鬼魂作祟”——的生动想象。我曾在前一本书《决策大脑》（*The New Executive Brain:Frontal Lobesina Complex World*）中哀叹，即使“今天的文明社会不再相信笛卡儿的身心二元论……我们仍旧处处受到这种旧观念的掣肘”，并且在涉及我们精神生活的最高境界时难以完全接受心脑一体的观念。

我惊讶地发现，甚至备感震惊，人们的这种理解是多么脆弱和肤浅。几年前，我和一些同事推出了一个关于大脑教育的研习班，名为“心脑研究所”。研习班的目的是向公众普及脑科学的基本知识、大脑可能出现的问题及其对心智的影响，还有目前对各种脑疾病的治疗方法。令我们大为吃惊的是，公众的反应通常是不理解。我不止一次听到“大脑和心智有什么关系”这种夸张的问题，简直难以置信。还有一次，我在一场关于记忆的公开讲座里提到了大脑，听众提出了一个问题，其中的惊愕远远多于好奇：“记忆和大脑有什么关系？”

更令人难以置信的是，我在受邀参加一个有关成功秘诀的高级研讨会时也遇到了类似的问题。研讨会成员都是取得过辉煌成就的国际名人：世界著名的科学家、企业领袖、奥运冠军、知名艺术家以及备受关注的政治人物。这些各自领域内无可争议的“冠军”一个接一个走上讲台，分享他们的成功秘诀。大家很快得出一致结论，成功的关键在于两种要素的融合：其一是特殊才能，其二是性格特征，比如内驱力以及专注于崇高目标的能力。与会成员一致认为，特殊才能是取得重大成就的必要前提，也是少数人生来就具备的天分。毕竟，人们都已经接受了这样的事实：努力并不能让你变成莫扎特、莎士比亚或爱因斯坦，而成功的其他要素，比如动力和雄心，则“取决于个人”。发言者相继这么说道，仿佛他们都是游离于肉体之外的精神存在。

轮到我发言的时候，我试图传达这样一种观念："内驱力"和"专注于崇高目标的能力"同样属于生物学范畴，起码部分如此，而人们在这些特性上表现有所不同的原因之一，就在于他们的大脑差异。正如以往对其他听众说的一样，我坚称性格并不能脱离大脑而存在，它其实是大脑的产物。

我的发言引发了一阵沉默，随即是一阵不安。几分钟后，研讨会成员中一位国际知名的杰出外交家评论说："戈德堡教授，你的发言很有意思，但这次会议的主题是头脑，不是大脑。"

我一边惊诧于这名知识分子堪称无知的评论，一边思忖如何为心智和大脑的联系进行有力的论证，但出于社交而非智力方面的原因，我决定不再争辩。

我想传达这样一个简单的信息：你的身体做出的最轻微的动作都要调动特定的肌肉群，与此相同，看似毫不起眼的脑力活动也需要调用大脑的资源。而最简单的脑力活动也可能会因脑部疾病受到破坏。因此，当我们开始谦逊而坚韧地探索不同人生阶段的心智发展以及智慧的本质时，我们必须将其看作与大脑相关。借用一句政治俗语，本书的主题可以称为"这就是大脑，傻瓜"。请别在意这种措辞。

大脑老化是否只有坏处没有好处？我不这么认为。事实上，我愿意用尽我这颗老化大脑的所有活力来证明一个观点：正是年龄赋予心智增龄以优势。这是本书的核心要旨。

别再以为大脑老化、心智增龄必然意味着脑力衰退。心智增龄也会带来好处。随着年龄的增长，我们可能会失去记忆力和持久注意力，但也可能得到智慧，或者至少是专业知识和工作能力，这两者没有一个会受到讥讽。心智老化的得失是渐进形成的，而非一蹴而就，它们都植根于大脑的活动。关于心智老化不良后果的书籍已经足够多，因此本书将致力于探讨心智老化带来的收获，以及得失之间的平衡。

我们的文化偏爱事事圆满。由于年轻时经历过更为严酷的环境，我至今觉得这一点十分可笑，尽管我已经在美国生活了30年。最近几年发生过一起重大灾难事件，我记得我看过事件发生后的一次电视采访。专家干巴巴但准确地描述了当前的问题，这时采访者——著名的电视主持人——带着一丝不耐烦甚至是高高在上的语气说："你能说些什么来安抚美国公众吗？"我心里想："真是有趣的文化习语！'给我一个幸福的结局！'否则后果自负！"

安慰并不总是一件好事。可以这么说，人们总会遇到生老病死，从长远来看，警告更能起到刺激作用。而在老龄化问题上，公众已经受到了警告。我们经常听说痴呆症、阿尔茨海默病，听说神经侵蚀[①]、健忘和日渐加重的精神疲劳。很不幸，这些疾

① 我发明了"神经侵蚀"（neuroerosion）这个概念，并衍生出"神经侵蚀性"（neuroerosive），目的是弥补某种感知差距。通常我们会把某些最后会导致痴呆症的疾病称作"神经退行性"（neurodegenerative）疾病。但这一术语内涵过于狭窄和不祥，它暗示了一类主要以神经萎缩为特征的特殊疾病。"脑血管"（cerebrovascular）疾病和"多发性脑梗塞"（multiinfarct）同样具有极其明确和狭隘的内涵，暗示着脑血管方面的主要疾病。而"神经侵蚀"作为一个通用术语，既涵盖了所有疾病的可能，又没有其他术语附加的绝望感。它指代的范围和内涵类似于最近越来越流行的"轻度认知功能障碍"（MCI），但避开了后者异常冷淡的口气，也不会招致MCI电信公司的商标侵权诉讼。

病的确存在，但我们也该听一听好的消息——真实存在的好消息，而非虚假的“安慰”。

关于智慧的阐释

智慧就是好消息。纵观历史，在任何社会的民间传说中，智慧都是和高龄联系在一起的。智慧是衰老馈赠的珍贵礼物。但智慧能抵挡神经侵蚀的攻击吗？它能抵挡多长时间呢？

这就引出了有关智慧本质的问题。我们经常虔诚地使用“智慧”这个词，但是否充分了解其定义呢？我们了解它的神经构造吗？我们能从生物学和神经学角度大体解释智慧这种现象吗？还是说它过于复杂、多维度，再精密的科学都无法给出解释？

我并不觉得自己多有智慧，但是通过对我自身案例的反思，可以有助于理解智慧。它能够阐明智慧的本质，或者至少是其中的一个重要方面。本书的思路和论点皆是这种反思和洞悉的结果。

随着年龄的增长，现实生活中需要刻意创造新的心智结构的认知任务似乎在减少。相反，（广义上）解决问题越来越多地采用模式识别的形式。这意味着年龄越大，积累的认知模式就会越多。因此，我们很可能只需调出先前存在的一个模式，或是对已经形成的认知模式稍加修正，就能应对未来日渐增加的认知挑战。渐渐地，解决问题与其说是做出决策，不如说是模式识别。赫伯特·西蒙（Herbert Simon）等人的研究证明，模式识别是最强有力的认知成功的途径。

进化造成了大脑的多层构造，包括较老的皮质下结构和相对年轻的皮质，后者拥有一个叫作“新皮质”的特别年轻的组成部分。大脑分为两个半球：右半球和左半球。解决问题转向模式识别的过程改变了不同部位对认知进程所起的作用。首先，认知越来越依赖新皮质，并渐渐独立于皮质下结构以及其他较老皮质掌控的机制。其次，两个半球的平均使用程度发生改变。从神经学的角度来说，这意味着我们对右半脑的依赖在减少，对左半脑的依赖在增加。

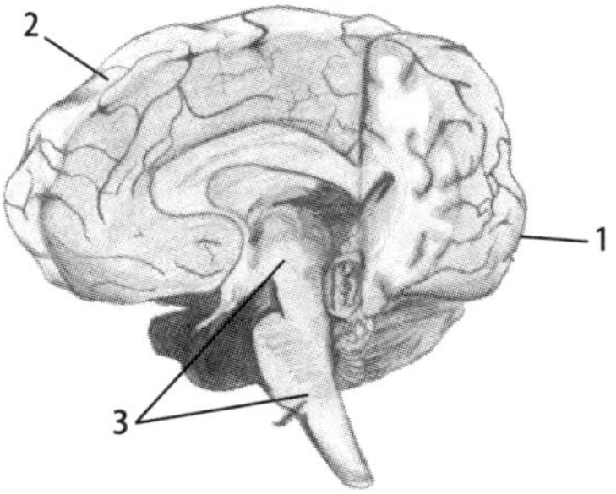

图 1　人类的大脑

（1）、（2）大脑半球，（3）皮质下结构。左脑的额叶区被移出，露出脑干和间脑。

在神经学文献中，能够让我们进行模式识别的认知结构通常被称为“吸引子”。吸引子是一个彼此紧密联系的神经元（大脑用于处理信息的关键神经细胞）群。吸引子有一个独特的性质，即能够自动且轻易地被输入的信息激活。简而言之，这就是模式识别机制。

我认为，如果能形成大量认知模式，且每一种模式都浓缩了大量相关经验的精华，那么我们就已经获得了“智慧”，或者至少是其中的某种关键成分。（写到这里，我听见科学界、人文学科界和社会运动界的批评家发出一片愤怒的咆哮，指责我把问题过分简单化，所以我得给自己留条退路。）

根据神经过程的特性，“智慧”（起码在我的狭义定义中如此）给老年人带来的好处是，让他们只需调用些许神经资源就能相对轻松地进行决策，也就是说，只需调用已经存储在神经系统内的模式。在一定程度上，智慧及其相关品质、能力、专业知识或许不会受到神经侵蚀的影响。这些都是本书的主要议题。

但在深入探讨衰老过程中大脑的认知增益机制前，我们需要解决几个问题。我们需要将智慧作为心理学和社会学现象进行研究。我们需要懂得自我满足，无论强大的头脑能否持续，能否在面临神经侵蚀时占据优势和取得胜利。这是本书的人文基础和出发点，随后才是从神经学角度探索智慧、能力、专业知识和衰老过程中认知增益机制的神秘旅程。

早上好，大脑

在探索这些有趣议题之前，我们先了解一下自己的大脑。这一神奇的生物硬件如何工作？你在日常活动中怎样使用它？让我们从“头”开始，想象一下早晨的大脑是什么模样。

闹钟响了，铃声粗暴地袭向你的脑干、丘脑和听觉皮质。铃声将你从熟睡中唤醒，这意味着听觉信号以某种方式激活了脑干的一个特定区域，控制着一般性唤醒的网状结构。如果是其他声音——狗吠声、火警声、雨声，你会恼怒地叹口气，然后继续睡觉。但你不情愿地睁开了眼睛，你的听觉皮质在特定丘脑核团的帮助下，已经识别出声音的来源：闹钟。于是你的额叶，大脑的“超我”，告诉你这很重要，你必须起床了。

你起床，朝窗外看去。你还是迷迷糊糊，但视觉皮质已经开始工作，让你能够欣赏清晨的美景。别把这当成理所当然。当视觉皮质受损时，即使眼睛正常也会发生皮质盲。患有皮质盲（中风或大脑受到机械性损伤）的病人能分辨各种层次的亮度，甚至能识别周围有东西在移动，但无法辨认出所视对象。在某些情况下，如果视觉皮质受损范围特别广，病人甚至会意识不到自己已经失明。这种情况被称为安东综合征。

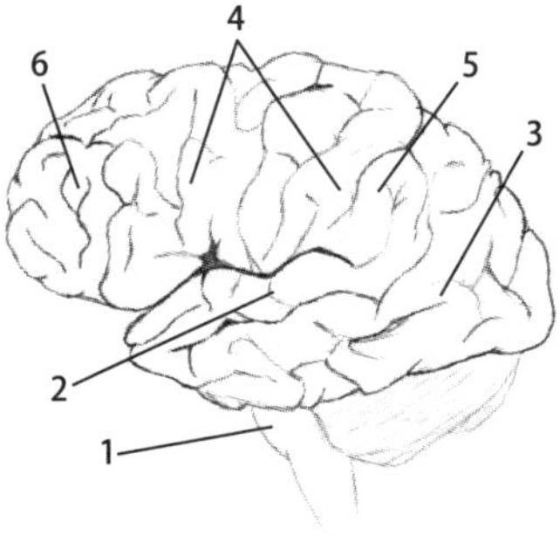

图 2　大脑的不同区域：它们分别起到什么作用

（1）唤醒；（2）识别闹铃；（3）发现牙刷；（4）使用牙刷；（5）核对时间；（6）制定一天的日程。

窗外阳光明媚，你感觉不错。“感觉不错”意味着你的左额叶很活跃，因为它掌控积极情绪。这没准也意味着大脑中一种特殊的神经介质——多巴胺正在发挥作用。

你一边走进浴室，一边搜索熟悉的物品：牙刷、牙膏、漱口水、刮胡刀。熟悉吗？你当然认识这些物品。但是如果没有左脑的视觉联合皮质——它大约位于枕叶和颞叶之间，你就无法将这些东西识别成有意义的物品。大脑的这一部位在努力工作，尽管你也许还没有完全清醒，但却能毫不费力、从容地在浴室洗漱打理。如果该部位受到损害，你仍会看见这些东西，但却辨认不出它们是熟悉和有意义的物品。

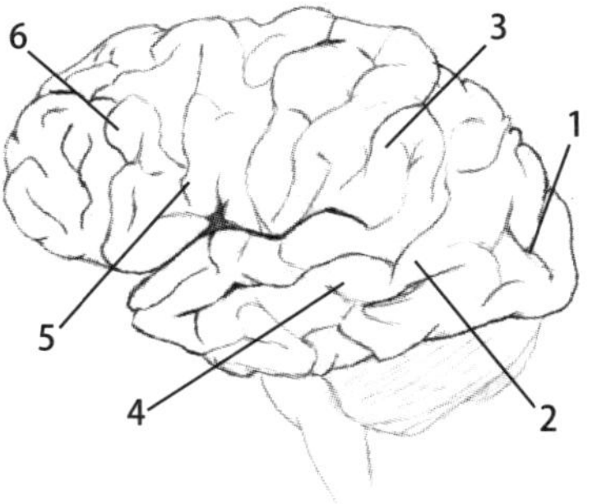

图 3　大脑的不同区域：它们受损后会怎样

（1）安东综合征——皮质盲；（2）视觉失认症——没有能力辨认一般对象；（3）观念性失用症——不能完成熟练的动作；（4）韦尔尼克失语症——主要影响物体；（5）布洛卡失语症——主要影响动作词；（6）执行障碍——损害计划性。

这样的事恰恰发生在我的一名中年女病人身上。一天早晨，她走进浴室，环顾四周，发现完全不知道放在那儿的东西是什么。她惊恐地驾车前往当地医院，立刻进行了 CT 扫描。原来她前一晚中风了，影响到视觉（枕叶）皮质，造成了一种叫作视觉物体失认的情况。颅脑损伤和痴呆症也会引起这种情况。要恢复她的脑功能，需要制订全面的认知康复计划，她因此成了我的病人。

你应该庆幸自己的视觉联合皮质功能正常。你伸手去拿牙刷，90% 的可能是用右手，因为大约 90% 的人是右利手。你左脑中的运动皮质（大脑和身体之间的神经通路大多是交叉的）迅速启动，你的小脑和基底神经节也是如此。没有这些大脑结构，即使最简单、最无意识、最不费力的动作，你都不可能完成。

你把牙刷抓在手里，这似乎是一个简单的动作——假如不理会那些骚动的神经的话，瞧啊，你做得对：你抓住了牙刷的手柄，而没有抓住牙刷的刷头。但为了完成这个简单到不可思议的举动，必须要有复杂的神经系统介入。仅认识物品还不够，你必须知道如何使用它们。与使用普通物品对应的运动程序知识存储在顶叶里，其中大部分位于左脑。该部位若受到中风或阿尔茨海默病的损害，通常会造成观念性失用症。病人丧失根据功能使用普通物品的能力，开始胡乱地操作它们，就像是从其他世界来的一名新人——那里不存在这些物品，因此也不可能认出它们。有时候这种障碍会表现为古怪的穿衣失用症，病人丧失了正确穿衣服的能力。这在痴呆症中也很常见。

但你的神经系统处于最佳状态，洗漱完毕后，你立刻穿上西装。城市正在苏醒，旁边建筑工地响起的吵闹音乐声从厨房窗户飘进来。“真是垃圾”，你的右颞叶抱怨道，它负责处理音乐，于是你抽动一下嘴角。严格说来，右颞叶只负责产生审美判断，将其输出为语言的是你的左脑。

匆匆喝一杯咖啡，浏览一遍早报。当你浏览头条新闻时，左半脑活跃起来。左颞叶理解名词，左额叶理解动词，左顶叶处理语法。如果这些部位遭到破坏，会导致各种失语症。与此同时，前额皮质正疯狂地想要弄清楚“经济行将衰退”这一消息对你的工作意味着什么。纳斯达克指数连续三天下跌，道琼斯工业平均指数也是一样。你记得几天前报纸上说股市依然看涨，也许你的股票投资组合遇到了问题。这些表示你的海马体功能正常。海马体无疑是学习新信息的关键。

春天的早晨阳光正好，但股票交易行情让你暂时处于一种焦虑、激动的情绪中。控制情绪的杏仁体临时占据优势，而且很可能是右杏仁体，原因我稍后会解释。

你急忙冲出家门，脑子里想着该如何应付五场会议和三场电话会议，它们全都安排在今天。负责按时组织事务的前额皮质正在努力，试图完成不可能的任务：非常精确地安排好八场会议，不浪费一点时间。

在电梯里你看见一张陌生的面庞。大楼里的新房客吗？你的右脑对这张面孔进行分析，并得出“人是新来的”结论。

你坐上出租车，看了一眼手表。你的顶叶很快接收到表盘的信号。你会准时进入办公室，差不多吧。但你正要松口气时，发现出租车司机刚刚拐错了方向。难怪，你想，他可能刚来，还不熟悉这座城市。你迅速控制局面，试图指引司机开回正确的路线。这需要额叶（排序）和顶叶（空间信息）的协同合作。但司机听不懂你在说什么，因为他不会说英语！你即兴打起通用手势来指挥他（你的额叶、顶叶、颞叶紧张地协作起来）。

你终于到目的地了。你迅速支付车费然后点数找零（左脑的顶颞部位如果受损就会导致一种叫作计算力缺失的障碍，你会丧失计算能力）。你成功了。在等电梯的时候，你的大脑可以难得休息几分钟。

这究竟是怎么回事？你甚至还没开始一天的工作，你的大脑就已经在努力工作了。这些琐碎的、毫不费力的常规早晨活动实际上需要大脑的各个部位参与进来。我首先要承认，我对早晨大脑活动的描述非常简单，仅仅强调了大脑舞台上的几个主要演员和大脑乐团里的几个主要乐手。事实上，我所描述的每一阶段除了主演以外，还涉及无数配角，它们协调一致为错综复杂的大脑表演合奏，每时每刻都在变化，并且相互之间及时进行顺畅的衔接。

从科学角度来说，这些合奏被称为“机能系统”——该术语由伟大的俄裔犹太人、神经心理学家亚历山大·罗曼诺维奇·卢里亚（Aleksandr Romanovich Luria，下文会详细介绍）提出。尽管神经科学家很久以前就推测出这一复杂的动态过程，但直到最近才真正能够观察到它们——功能性神经影像新技术的出现，为我们深入活跃的、不停运转和思考的大脑内部打开了窗口。

看电视而已

为了具体说明功能系统的概念，说明智力的诸多方面以及由此引起的大脑诸多部位的协同合作，接下来我们会列举一个熟悉的事例：看电视。

周六的傍晚，你坐在客厅里，无所事事。你的狗蜷在脚边打盹。你喝着咖啡，或者别的你喜欢的饮品。确实闲来无事，你打开了电视看新闻。

在这种幸福的放空状态，你的大脑仍在努力工作，忙于一系列复杂而流畅的运转，而你看上去却非常慵懒。视觉皮质和听觉皮质忙碌地解析屏幕上的图像和克里斯汀·阿曼普（Christiane Amanpour）播报突发新闻的声音。对于简单的信号，大脑中较老的皮质下结构和丘脑足以处理，无须占用新皮质。但对于含有丰富意义的信息，就需要新皮质的参与了。

实际上，消化一条关于世界另一个角落紧张对峙的新闻，你需要调用大脑的大部分资源。阿曼普播报的新闻占用了你的大部分左脑（前提是你惯用右手，如果你是左撇子，左脑主管语言的概率大约仍占 60%）。颞叶的一个负责语音感知、叫作“颞上回”的部位首先被占用，随后便要调动左半脑的其他部分。

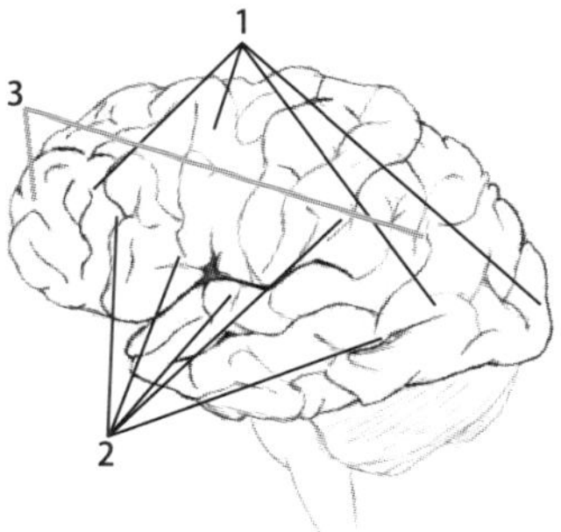

图 4　看电视调用的脑区

（1）机能系统是这样运作的：检查视觉图像；（2）理解播音员在说什么；（3）将它们融会贯通。

语言是一种极其复杂和多样的文化工具。我们通常把语言视作一种交流的手段。这是肯定的，但它的重要性远不止如此。我们下文会讨论到，语言是一种概念化的手段，它的信息压缩功能使我们能够用简洁的代码表达复杂的信息。大脑的语言系统分工很细。前文已经提到，存储物体词（名词）的左颞叶靠近视觉皮质。这是有道理的：我们对物体的心理表征主要基于视觉。存储动作词（动词）的左额叶靠近动作皮质。这也是有道理的：我们对熟练技能的心理表征涉及大脑的这些部位。确立事物相互关系的复杂表述则在左脑中进行处理，那里同时包含颞叶和顶叶，即左侧角回。

这些部位如果受损，会以不同方式破坏语言能力，用专业术语来说，就是导致不同形式的失语症，它取决于左脑受损的确切位置。受损的原因多种多样，可能是中风、颅脑损伤或者痴呆症。事实上，一种叫作“命名性失语症”（丧失了使用语言的能力）的特殊语言障碍，正是阿尔茨海默病的早期症状之一。

然而，右脑也没有置身事外。当克里斯汀·阿曼普的声音突然升高时，正是右脑察觉了其中传达的惊慌感。对于一个成年人来说，虽然左脑控制语言的诸多方面，但主管韵律的是右脑。韵律是通过口头交流传递出来的，借助语调和音调的变化，而不是词语的字面意思。这就是我们所说的“情感基调”。（右脑功能障碍会削弱处理这种“语言以外的”语境信息的能力，比如阿斯伯格综合征。由此造成的结果是，病人的行为变得呆板笨拙，经常会不合时宜，缺乏敏锐性和流畅性。）

你的狗也感知到了播音员声音中的紧迫性（我不知道它用的是哪个半脑；人们对动物半脑的研究并不广泛，尽管多年来我一直提倡这样的研究），开始吠叫。你听出这是狗在叫，而不是其他什么声音，眼睛并没离开电视屏幕。这也是通过左脑实现的，确切地说是左颞叶。左颞叶受损不仅会导致失语症，而且会丧失识别周围声音来源的能力。这种经常被忽视的情况被称作听觉联想性失认症。

与此同时，视觉皮质一直忙于解析电视屏幕上的图像。在神经系统良好的状态下，你很容易就能理解来自屏幕左半部分和右半部分的信息。你能这么做是因为你的左右脑功能正常，且连接它们的部位、被称为“胼胝体”的一团厚厚的神经束完整无缺。大脑半球受损，特别是顶叶受损，通常会导致单侧视觉不集中，甚至是彻底的视觉偏盲。患有单侧视觉不集中的病人很难注意到另一半视野中出现的信息——与受损的半脑正好相反。视觉偏盲比视觉不集中严重得多，一半视野完全被忽略。左侧视觉不集中或偏盲（由于右脑受损导致）一般比右侧视觉不集中或偏盲（由于左脑受损导致）严重。

更有趣的是，病人一般不会意识到左侧视觉偏盲或不集中。这种意识障碍本身也是一种神经系统症状，通常由右脑受损引起，被称作“疾病失认症”。疾病失认症会导致各种危险，因为病人可能意识不到任何失常的情况，不仅仅是视觉偏盲或不集中。想象一下，一名意识不到自己患有视觉不集中的司机。不幸的是，右脑中风的病人十分常见。尽管事实显而易见，但病人很可能不相信自己受到了损伤，这通常被称为“否认”，但严格来说并非如此。“否认”暗示了一种知道以及选择不去知道的完整能力。而在疾病失认症中，脑损伤让这种认知自身障碍的能力彻底丧失了，病人经常坚持驾车以及从事危害自己和他人的其他活动。

在一个高度防护的环境里，视觉偏盲或不集中造成的影响，与其说是悲惨，不如说是好笑。我永远记得养老院里一位因为右脑中风而患上左侧视觉偏盲的老人，愤怒痛骂护士“搞阴谋”的样子。他大发雷霆，因为坐在餐桌对面的病友总能得到一块牛排，而他永远只有土豆泥——的确太不公平了。其实导致这一不公平的原因很简单。厨房的工作人员习惯将牛排放在托盘的左边，将土豆泥放在托盘的右边。因而这位老绅士总是看见他托盘右边的土豆泥和坐在他对面的家伙托盘左边的牛排。你没法跟老人解释清楚问题在他自己而不是其他人，直到学会将托盘反过来放在他面前，病人仍旧坚信他是这场阴谋的受害者，他自己没做错什么。除了吃饭时感到愤怒以外，他是疗养院里最快乐、最无忧无虑的病人。

与老人不同，你的视野很好，左边、右边、中间，所以你能扫视整个电视屏幕，密切注意重要的细节。扫视富含细节的视觉场景，并从环境中随机提取重要信息的能力需要调用额叶上一个叫作“额叶眼动区”的部位。它们在你将克里斯汀·阿曼普的评论与屏幕上的图像联系起来时就开始发挥作用了。

此时，你正在处理屏幕上的具体视觉图像。你认出它们代表着有意义的物品：房屋、汽车、树木……以及令人沮丧的坦克、枪支等。这激活了视觉皮质的另一个部位，视觉联合皮质，上文已经提到它主要位于左脑。

你还看到许多脸庞——微笑的、担忧的、快乐的、生气的，还有遥远的国家里陌生人的脸庞。你注视着他们，试图窥探这些脸庞背后的心灵，此时你右脑的颞叶正在工作。研究证明大脑的这一部位负责面部识别。

奇怪的是，识别克里斯汀·阿曼普的面庞主要靠的是左脑。这是大脑的一种特殊劳动分工。右脑更擅长处理新奇、陌生的信息，左脑则更擅长处理熟悉的信息。这适用于大多数种类的信息，因此，陌生人的面部信息由右脑处理，而公众人物或是你一直见面的亲朋好友的面部信息由左脑处理。

随着“突发新闻”报道的进行，电视屏幕的右上角出现了一张地图以显示事件发生的地点。这激活了顶叶和枕叶的联合区，前者负责空间认知，后者负责视觉认知。神经科学家将大脑的视觉系统区分为“何物”以及“何地”两种。“何物”系统位于枕颞联合区，负责物体识别。“何地”系统位于顶枕联合区，存储空间信息。

随着视觉图像和记者的叙述无缝融合成一个故事，你甚至意识不到哪些信息来自眼睛，哪些信息来自耳朵。它们在你的大脑里交织缠绕为一体，这是因为你的多模态联合皮质在正确有效地发挥作用。这部分脑区负责将来自不同感官的信息整理合成一出神经系统的多媒体戏剧。最新的进化论研究表明，该部位特别容易罹患阿尔茨海默病和其他类型痴呆症。

“这个地区已经第三次出现在本周新闻里了。”你一边关注“突发新闻”，一边自言自语。为此，你必须有能力把当前新闻里播报的事件与记忆里过去几天的新闻关联起来。你刚刚成功调用了近期记忆，其中海马体的作用非常重要。海马体也很容易受到阿尔茨海默病的损害。事实上，纽约大学医学院老化与痴呆研究中心的莫尼·德莱昂（Mony de Leon）及其同事已经开发出了基于 MRI 精确测量海马体大小的创新性技术，从而可以及早预测罹患阿尔茨海默病的情况。

现代化的神经科学研究给我们带来了好消息：海马体中有新的神经元发育。尤其令人激动的是，通过认知活动和锻炼大脑，能够影响海马体中出现新神经元的速度。我们会在之后的章节里探讨这一点。

随着新闻的播报，你努力弄清这个冲突四起的地区接下来会发生什么事。预言游戏像下棋一样棘手。你需要评估整体环境，并且站在几方主要势力的角度进行思考。你需要合理地推测他们如何看待形势。拿破仑精通此道，他告诫三军统帅：预测对手的行动时，别指望他会按你想的那样做。努力从他的角度弄清楚他最想做什么，考虑他的人生轨迹和对他有用的信息，而不是你的。认知神经科学家把这种换位推测他人心态的能力称为形成“心理理论”的能力。

从进化论角度来说，这些复杂能力——计划、预测、形成心理理论——形成的时间都非常短。它们只存在于人类的发育中，不妨说是它们使得我们成为人类。我们直到最近才认识到，所有这些复杂的功能都由前额皮质控制。我在前一本书《决策大脑》中详细描述过。大脑最年轻和最复杂的部位是最后一个发育完成的。大脑直到 18 岁甚至可能推迟到 30 岁才能发育完成。这证实了多数现代文明共有的习惯：成年人法定年龄在 18 岁左右，而参与最高一级选举活动的人的年龄甚至更大。容易损伤前额皮质的神经及精神疾病的范围很广，比如痴呆、精神分裂、颅脑损伤等。前额皮质功能障碍也会受到破坏性不那么强但仍具有破坏性的情况的影响，比如注意缺陷、多动障碍和多发性抽动症。

你的前额皮质一开始工作，你就开始玩起了水晶球游戏，试图进行政治预言。你的前扣带回皮质也在行动，这个与前额皮质紧密相连的脑构造，在存在不确定性的情况下特别活跃。

然而你知道自己的局限性，只会花这么多时间玩水晶球游戏——一种最后连拿破仑也输掉了的游戏。你的注意力在转移，你开始感觉到困意。这意味着你的上行网状激活系统——一种保持大脑清醒和警觉的重要构造——暂时已经工作够了。

你打个哈欠，伸个懒腰，然后关掉电视。遛狗的想法从你的脑海里闪过，但你决定坐下来再喝一杯。你的下丘脑、杏仁体和眶额皮质全都活跃起来——一组带来满足感的机制……周六下午的生活就是这么简单。

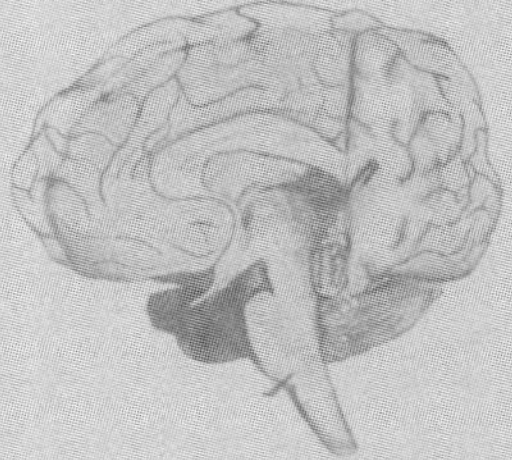

大脑的四季

第 2 章

大脑怎么变，智力就怎么变

对大脑运作机制做一次简单轻松的检阅之后，现在我们回过头来再仔细分析一遍。倘若就连每日制订计划或者看电视这样的简单活动都要调动大量脑资源的话，那你能想象医师或工程师的专业技术、数学家或棋手的聪明才智以及小提琴手或舞蹈家的非凡创造背后又隐藏着怎样的大脑机制吗？认知神经科学家已经开始研究这些问题，而且不再撇开大脑谈智力或撇开智力谈大脑了。

作为本书的读者，你也许不是脑科学家，但你要用脑，可以说是脑力消耗者。不过你可能对大脑的内部运作机制不是特别感兴趣。这是一种奇怪的现象，大脑与身体的各个部位都有关系，不仅仅是大脑本身。讽刺的是，大多数人通常并不关心自己的身体，只要它不找麻烦，不痛、不伤、不痒、没毛病，让我们感觉良好。如果约翰尼吃了腐坏的牡蛎而感染甲肝，那么他去看医生并不是因为转氨酶水平和病毒滴度升高，而是因为他感觉疲劳、恶心，以及他的面色和眼球泛黄，这在约会时可不会获得高度评价。

尽管约翰尼并不特别想了解身体的内部运作，但他仍能接受这个大前提：遑论其他，目前他的身体状况取决于肝脏好坏，要想身体再次好转、恢复正常肤色，他必须对肝脏进行治疗。但当涉及心脑问题时，公众就意识不到其中的紧要性了。公众才开始相信大脑受损会影响智力。

如果反向推演呢？我们能通过改善大脑的功能来提高智力水平吗？如果答案是肯定的，那么约翰尼应该开始学习如何照料他的大脑，正如过去几十年里他信奉健康生活的观念一样（尽管他仍然生吃牡蛎）。在这本书里，我认为老龄化过程中大脑的变化在很大程度上取决于年轻时如何使用它。我还认为，即使在老龄阶段，你也有可能通过改善大脑来提高智力。我会探讨在日常生活中如何实现这一点以及怎样做才能更加系统和完善。

然而，首先我们需要理解大脑在整个生命周期的运作过程。“智力的四季”或“大脑的四季”无疑是一种比喻，但并非牵强的比喻。在人的一生中，大脑和智力会经历不同阶段。与自然界里的四季一样，智力的四季变换并不界限分明，而是逐渐向下一个季节过渡。因此，将这些界限与精确的时间表联系起来，与其说是生物学意义上的中断，不如说是一种约定俗成的惯例。正如季节的变化可能年年不同（夏季可能早到，春季可能迟来），“智力的四季”的确切转换时间也会因人而异。更复杂的是，智力和大脑并非在所有方面都会实现同步转换。这意味着你划分的精确界限在很大程度上取决于你选择的标准。与一年有四个季节不同，我们通常将大脑的生命周期分为三个阶段：发育、成熟和老化。

发育阶段的大脑

发育是第一阶段。主要的认知能力和技能在此阶段形成，其特征是大脑发生的巨大改变。该阶段在我们出生之前就已开始，一直持续至 30 岁左右。大脑发育是一个复杂多样的过程。它开始于神经发生，也就是神经元的生成——神经元是直接参与信息处理的最多的脑细胞——及其迁移，也就是神经元在复杂的大脑构造中找到合适的位置。大多数情况下，神经发生开始于妊娠期间。对于不同的大脑结构而言，神经发生开始的时间也不同。直到最近，人们还认为神经发生过程会在妊娠期和生命最初几年里的某一时刻完全停止，那时，大多数脑结构已经形成了可辨认的形状。然而现在我们知道，神经发生贯穿于人的一生，虽然它后期不如早期那么活跃。

随着神经元生成并迁移至合适的位置，神经元之间的连接开始发育。这些连接是在神经元细胞体延伸部分形成的突起物，被称为轴突和树突。它们在妊娠期间开始发育，其中树突开始生长成树状分支。这一过程在生命的最初几年里达到高峰。

突触，即从不同神经元延伸出的树突和轴突之间的微小交界面，对神经元之间的交流至关重要。它们的形成叫作突触发生，对于不同的大脑部位而言，突触发生的时间进程也大为不同。比如在视觉皮质上，大部分的突触发生会在生命最初几年的末期完成。相比之下，前额皮质的突触发生会在青春晚期和成年早期持续。

神经结构的形成还伴随着多余神经元、树突和突触的消亡。这一过程被称为“修剪”或“凋亡”，发生于生命诞生之后，对于不同的大脑部位而言，“凋亡”发生的时间不同，额叶皮质位列最后。“修剪”类似雕刻，伟大的雕刻家奥古斯特·罗丹（Auguste Rodin）将这一过程描述为“消除一切不该存在的东西”。“修剪”不是随机的，而是加强经常使用的神经结构，放弃未被充分使用或未被使用的神经结构。这些塑造大脑的竞争过程本身有点类似自然选择，杰拉尔德·埃德尔曼（Gerald Edelman）首创的“神经达尔文主义”表达的就是这个意思。

在大脑里发现的细胞类型并非只有神经元一种。事实上，神经元只占脑细胞的1/3。另外2/3脑细胞被称作胶质细胞，它们担当不同的支持功能，可以分成两种：星形胶质细胞和少突胶质细胞。当大脑发育到一定程度时，髓鞘开始形成了：少突胶质细胞开始包裹长轴突，形成一层叫作“髓磷脂”的脂肪保护层。髓磷脂是白色的，由此产生了“白质”（由所有覆盖着髓磷脂的长神经束组成），与之相反的是“灰质”（由所有神经元和没有髓磷脂覆盖的短神经束组成）。髓磷脂帮助信号沿着轴突传递，大大提高了神经元集合体内部的信息传递速度。生命最初几年里，大脑重量的急剧增加很大程度上是由于髓鞘的形成。髓磷脂包裹住连接大脑结构的轴突，大脑的功能才算完整。在不同的大脑结构中，髓鞘形成的时间也大不相同。也许你已经猜到了，额叶皮质髓鞘形成的过程最长，可以持续至青年晚期和成年早期，可能会一直持续至 30 岁。额叶，尤其是前额皮质的体积至少要持续增长至 18 岁，也许还会更长。这种增长是白质不断增加的体现。

撇开其他不谈，上述简短的回顾表明大脑的发育是无数神经过程在不同时间尺度上的相互作用。这是一个大脑巨变的阶段，也是一个智力巨变的阶段——学习、积累基本的思考技能与知识，最终成为我们自己。

你可能已经注意到了，额叶，尤其是前额皮质，最后一个发育成熟——直到成年早期，有时是将近 20 岁，甚至还可能是二三十岁。现代社会基于社会年龄成熟度设定了一些隐性或显性的假设。当我们达到社会成熟年龄时，会表现出认知和人格特征，比如控制冲动、预见未来和自我评估的能力。和额叶发育成熟一样，这些“成年”特征直到 20 岁末和 30 岁初的某个时刻才能充分发挥作用。不出所料，几乎所有现代社会都将这一年龄作为社会不成熟和社会成熟的分界线。此时（会有上下几年的浮动），你已经准备好面对“成年人”的权利和义务，比如驾驶、投票、结婚、饮酒、服兵役，最终在法律上被视为一名成年人而不是未成年人。但多数人不知道的是，这些“成年”特征的出现极有可能是额叶成熟引起的，已经有越来越多的神经学家认可这一点。因此，许多神经学家认为，额叶成熟可以作为大脑生命周期的第一阶段和第二阶段，亦即发育和成熟的分界线。

成熟阶段的大脑

成熟是第二阶段，此时大脑结构的神经变化减少，更加趋于稳定。这是一个生产性活动阶段，大脑的重点渐渐从了解世界转变成通过个体的专业和职业活动塑造世界。人们对大脑和智力的这一发展阶段进行了最广泛的研究。事实上，直到几十年前，我们的认识还局限于这一阶段。各种神经解剖学、神经学和神经心理学的标准文本以及许多科普读物大多是关于这一阶段的，因此我们没有理由再在这里重述这些规范性知识。我想说的是，在这种科普热情里，我们不仅是将成熟大脑当成一个普通概念。这无疑是一种有用的进取精神，也是进行任何科学探索该有的出发点，但还不够。阅读标准文本时，你几乎不可能看到对大脑组织性别差异的描述，更别说个体差异了。可这种差异确实存在，我们直到现在才开始了解它们。组成人类的每一个人，我们正逐渐去了解个体的神经系统。

老化阶段的大脑

老化是第三阶段。随着年龄渐长，我们伟大的大脑会变成什么样？“黄金年龄”有多珍贵？奇怪的是，直到最近，科学家才致力于解决这个问题。希波克拉底在《箴言集》（*Aphorisms*）里对衰老所发的慨叹忽略了大脑。关于这一点，顶尖的老化神经科学家纳夫塔利·拉兹（Naftali Raz）说：

> 由于势不可当的衰老转变以及普遍存在的身体基本功能变化，很多著名的古代医生没有充分发现大脑和高级认知功能对老年病的重要意义，这可能并不特别令人惊讶。

但衰老会影响大脑，即使正常的衰老也一样。大脑不受影响才怪，毕竟它和其他器官一样，都是肉体的一部分。过去几十年里，人们进行了广泛的研究来理解这种变化。于是，我们现在对大脑老化过程有了相对全面的认识，即便老化过程中并不存在神经疾病和痴呆症的威胁。下文大部分内容基于纳夫塔利·拉兹的研究，以及他对脑老化研究发表的令人信服的评论。

随着衰老，整个大脑会产生一些改变。每隔 10 年，成年人大脑的重量和体积就会缩减大约 2%，而脑室（大脑深处含有脑脊液的腔体）会变大，脑沟（皮质层核桃状卷积之间的空隙）变得更加突出。这些变化表明脑组织一定程度上出现了萎缩，这是正常衰老的一部分。神经元之间的连接越发稀疏（该过程被称为“去分支”），突触（神经元之间传递化学信号的结构）的密度也是如此。输送到大脑的血液变少，氧气供应也随之减少。

灰质和白质都会受到老龄化的影响。白质会出现微弱的病灶，它们在 MRI 放射学术语中被称作“高信号”。大多数情况下，增龄性“高信号”表示血管疾病，但也可能表示神经束的髓鞘脱失。它们会随着年龄的增加而累积。白质病灶与认知水平降低之间不是简单的线性关系，而是有一个阈值。它们在一定程度上是良性的，但一旦总量达到某个水平，认知就会出现恶化。一些科学家认为，白质比灰质更容易受到衰老的影响。

在这样的大背景下，大脑某些部位的表现要好得多。虽然很多皮质结构和皮质下结构也会受到影响，但程度各不相同。新皮质似乎遵循约翰·休林·杰克逊（John Hughlings Jackson）首先提出的“进化和消亡”这一经典神经学法则：系统发育中（进化中）最年轻的皮质分区（它们在之后的阶段才会发育“进化”），也就是多模态联合皮质最容易因为老化而受到“消亡”的影响。它们包括颞下皮质、顶下小叶以及最新发育完成的前额皮质。相反，较早发生的皮质分支，包括接收原始感官信息的区域和运动皮质，受到的影响最小。前额皮质，额叶的一个负责复杂规划以及复杂行为有序管理的分支，受到的影响最大。

个体的发育和衰退（贯穿于人的一生）存在着类似的关系：人体发育阶段仍在持续发育的大脑结构最先随着年龄增长而衰退。在评估不同大脑结构的相对易损性时，连接这些结构的神经束具有特殊的启示意义。因此，神经束髓鞘的形成时间对发育和衰退来说都是一种有价值的参考。神经束髓鞘形成的时间越长，其对应结构越容易受到衰老的影响。受影响最大的仍旧是前额皮质，尤其是它的背外侧区。额叶的改变包括灰质和白质的退化，以及主要神经递质（负责在神经元之间传递信号的化学物质）的损耗，这些神经递质包括多巴胺、去甲肾上腺素和血清素。与发育时的情况一样，额叶也是大脑第二阶段和第三阶段（即脑成熟和脑老化）的分界线。

新皮质外侧，海马体和杏仁体受老化的影响有限，完全不能和额叶相提并论。海马体处于左右半脑的颞叶内侧，对新记忆的形成至关重要。杏仁体（amygdala，希腊语，意思是“杏仁”，指其形状与杏仁相似）处于海马体的正前方，对情感的体验和表达意义重大。

有趣的是，其他哺乳动物的海马体并不受衰老的影响，比如猴子和啮齿动物。这可能只是偶然形成的差异，但也可能是进化的压力使人类拥有了一个海马体轻微衰退的大脑。对于我们当中那些极其相信进化的适应性（但需谨慎，不要完全陷入目的论的思维框架）的人来说，这种进化压力的本质是什么呢？它很可能和人类比其他物种更依赖预先获得的认知模式有关。因此，和老化的猴子大脑或啮齿动物的大脑不同，老化的人类大脑能够从抑制多余新信息的形成中受益，因为它们会扰乱这些模式。

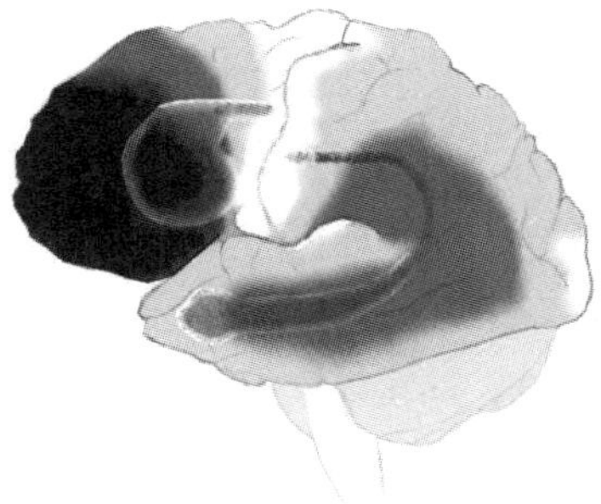

图 5　受衰老影响的大脑区域

图中颜色越深的大脑结构越容易受到正常衰老的影响。

另一个有趣的发现是：在正常衰老和痴呆的情况下，各种大脑结构的相对易损性也不一样。不同于正常衰老，在患有阿尔茨海默病的大脑中，海马体以及颞叶、顶叶的后侧多模态新皮质比额叶恶化得更快。因此，倘若大脑中额叶和海马体的恶化程度在 MRI 上呈现出明显不同，我们就能判断出大脑要么正常经历衰老过程，要么出现了阿尔茨海默病的早期征兆。

各种皮质下结构同样遵循杰克逊的“进化和消亡”原则。基底神经节和小脑（两者对运动控制都很重要）受到影响的程度中等,中脑也一样。脑桥（负责基本唤醒的脑区）和顶盖（大脑里第一个感觉输入处理站）似乎受影响很小，或者是根本不受影响。

这些大脑结构的深刻变化如何反映在大脑功能和认知的改变上呢？科学家又进行了无数研究，煞费苦心地记录了正常衰老过程中智力方面的不良变化。看起来智力的整体运转速度似乎降低了，感觉功能（接收外部物理世界输入的能力）也是如此。依靠额叶所发挥的功能显得尤其不稳定，其中包括精神抑制，即在不同情况下控制注意力不集中或习惯性条件反射的能力；还包括“工作记忆”，大多数科学家用该术语泛指记住某种信息并进行与此相关的认知处理。额叶的另一个功能——思维灵活性（快速转换思维过程和思维模式的能力）也会随着年龄增长而下降。

某些形式的注意力也会受到破坏，特别是选择注意力（在环境中挑选突出事件并予以关注的能力）和分散注意力（在同时发生的若干事件中来回转移注意力的能力）。记忆力也不能幸免，尤其是学习新信息（语义记忆）和对具体事件形成记忆（情景记忆）的能力。事实上，学习新信息能力的下降是认知老化最早的临床表现。

不老大脑的奥秘

科学家通过对实验对象进行各种神经心理学测试以及比较各年龄组的表现，记录下许多可怕的不良的认知改变。显然，认知灾难等于脑部形态和脑部生化失衡。所有这些听起来似乎都糟透了。

然而，进一步了解认知老化以后，你就会发现情况没那么糟。众多科学家都注意到一种奇怪的现象。虽然有充分的证据证明神经功能及认知下降，但老年人在现实中的表现却非同寻常，不管是在日常生活中还是工作中，这通常包括极高水平的专业能力和管理能力，甚至是在艺术、科学和政治领域的世界级壮举。

科学家通常将这种神秘能力称作“认知专长”，但多年来都没有弄清它的形成机制。本书的焦点之一就是对这些机制加以研究。直面坏消息过后，现在该想想衰老有什么好处了！这种神秘的认知专长，也就是抵挡衰老的不良影响的能力，与成熟期的两个非常宝贵的特质有关：能力和智慧。

这似乎是一个悖论。但既然认知专长、能力和智慧不是一种与大脑无关的现象，不像圣人的光环一样悬在我们的头顶上方，而是大脑的产物，这一悖论就成了神经生物学的研究对象，成了神经学家要解决的问题。我们会在接下来的章节讨论智慧和能力，然后进一步探索它们的神经机制。但首先，我们要考虑这一悖论本身，了解受老化和神经侵蚀影响的大脑如何形成非常具有说服力的认知。为此，我们会研究几位在不同领域取得巨大成就的历史名人的生活。

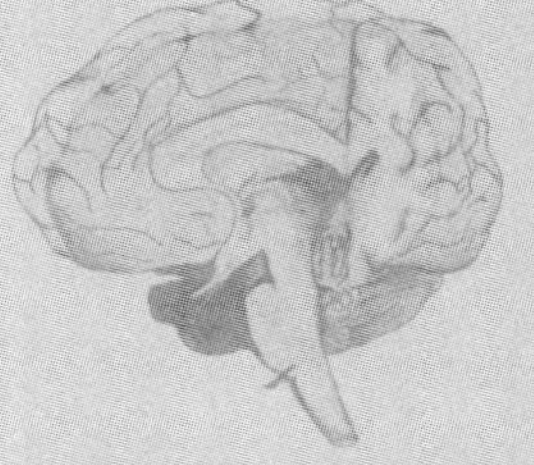

历史上拥有强大思想的老年人

第 3 章

大器晚成者

人类是平均寿命远远超过生育年龄的少数物种之一。为什么进化要想方设法（请原谅这种拟人化和目的论的措辞）通过生物手段延长那些对种族繁衍不再有贡献的个体的生命呢？造成这种奇怪现象的进化压力是什么？其中有一种可能性，即老年个体通过其他途径为种族延续发挥重要作用——尤其是积累知识并通过诸如语言等文化手段将其传给下一代。虽然这一点在学术界十分明显，但在大众文化中经常受到忽略。

我们的文化通常将思维活力与年轻人相关联，将智力下降与老年人相关联。老年人的创造潜力往往会被无视。我朋友的19岁的儿子让，说的一句话浓缩了这种文化偏见：“想不到你和我爸爸这样年纪的人竟然还能学会新东西！”他父亲是欧洲最引人注目的教育创新者之一，是重点大学的校长、总统候选人，目前还是一名备受瞩目的国会议员（一个北欧国家）。而这个年轻人似乎完全忘掉了这些。

如今，让这种不以为然的想法正被无数成功案例推翻。没错，就是年龄相对较大的创新型人才，比如他的父亲、他父亲的朋友（希望是我），以及本书的很多读者。这是明摆着的事实，已经被广泛认可，而且也有更多事例证实，因此在这本书中我不再详细讨论。若我改头换面将其作为重大发现，那是在侮辱读者的智商。我会重点阐述两个不为众人所知的观点，作为对核心观点的补充。

我的第一个观点是，思想活力不仅会贯穿整个生命周期，而且实际上会在更大年龄的时候达到顶峰。我把这样的人叫作“大器晚成者”。历史上有很多伟大的创意天才和政治领袖，在60岁、70岁甚至80岁达到思想巅峰。文学、建筑学、绘画、科学以及政治领域都能找到这种非凡的人物，他们最伟大的成就是在生命晚期创造的，并且成了自身的代名词。以下6位名人是对我们“衰老一定等于衰退”这种根深蒂固的文化偏见的最佳反驳。

伟大的德国作家约翰·沃尔夫冈·冯·歌德（1749—1832）绝对是文学界的一个“晚成”榜样。他59岁出版了《浮士德》的第一部，83岁出版了《浮士德》的第二部。歌德的文学生涯非常多产，但唯有晚年的作品《浮士德》在几个世纪以来一直是他的代名词。伟大的加泰罗尼亚建筑梦想家安东尼奥·高迪（1852—1926）也有相似的经历。年轻的时候，他在巴塞罗那建造圣家族大教堂，想要探索西方传统里没有先例的建筑形式。他专注于建造心爱的圣家族大教堂，直至晚年。高迪74岁时死于一场车祸，当时他正值创造力的顶峰，留下了仍未建成的大教堂。在美国，大家熟悉的“摩西奶奶”安娜·玛丽·罗伯逊（1860—1961）70岁才开始画画，直到将近80岁，她的田园风光画才得到认可。摩西奶奶一直画到生命的最后一刻，被认为是美国现代重要的民间艺术家之一。

在人类成就的另一个领域，诺伯特·维纳（1894—1964）否定了他自己说过的话："数学在很大程度上是年轻人的游戏。"维纳是控制论的创始人。通过假设所有生物体系和人工系统包含的复杂组织过程都具有共同的特征，他促成了当代科学的大部分成果。作为数学家兼哲学家，维纳 54 岁时出版了《控制论》（*Cybernetics*），70 岁出版了他的第二部重要的作品《上帝和机器人》（*God and Golem*）。关于复杂系统基本原理的现代科学，也就是"复杂性研究"，很大程度上归功于维纳的深刻见解，而其中有许多是他在晚年时形成的。

晚年达到政治生涯巅峰的例子同样引人注目。果尔达·梅厄（1898—1978），自 1969 年至 1974 年任以色列总理，带领以色列渡过了一些重大危机。她 71 岁时担任以色列总理，这个年龄比温斯顿·丘吉尔 65 岁时首任英国首相和罗纳德·里根 69 岁时首任美国总统都要大。她在晚年被尊称为"以色列之母"。20 世纪最引人关注的政治名人之一纳尔逊·曼德拉（1918—2013）是南非第一位民选总统，任职时间是 1994 年至 1999 年。他担任总统时已 76 岁，但清晰的思维和坚毅的品格并没有因为 28 年的牢狱生活被削弱。曼德拉最终塑造出全新的南非，至今仍是自由南非的象征。

也许有人会说，这 6 位在晚年取得显著成就或者达到创造力巅峰的名人，只是在遗传基因上碰到了好运气，能够在高龄阶段仍然保持敏捷的思维。虽然事实令人鼓舞，但这样的事例并不特别令人惊奇，因为凡事都有例外。但现在我们准备揭示一个真正出人意料的结论，也就是我的第二个观点。

我的第二个观点是，即使丧失部分智力，也不一定就预示着“认知末日”——即使认知力大幅度下降，甚至是处于痴呆症早期，个体仍然可能保有重要的生产能力和认知能力。我把这样的个体称作“受侵蚀但强大的思想者”。一个人在痴呆症早期还能对社会的政治文化生活做出贡献，这种想法乍一听也许非常离奇，但这是在对历史仔细研究的情况下得出的惊人结论。某些重大的政治决策（无论建设性的还是破坏性的）和影响深远的艺术创作都是由受到神经老化影响的大脑做出的，有时候甚至是在老年痴呆症早期做出的。这在政治和艺术领域确有其事，可能在哲学和科学领域同样存在。

处于神经衰退不同阶段和痴呆症早期的个体也曾给我们的历史和文化带来重大影响，他们的故事读起来很有趣。但只关注他们的心智缺陷让我们忽略了一个更加有意思的问题：是什么弥补了神经侵蚀对他们的心智的影响，保住心智的力量和效力，使他们拥有了塑造政治文化以及主宰世界的能力？很大程度上，他们依靠的是前几十年大脑所形成的丰富的模式识别策略。

“痴呆”的词源是“智力丧失”，它是一个充满残忍、无情和厄运意味的词，意味着一定程度甚至是大量的认知丧失，还具有阈值内涵。因此，“痴呆”这个词应该谨慎使用。现实生活中，大多数形式的痴呆症发展缓慢，实际上是相当缓慢。智力的衰退会持续数年，有时长达 15 年，个别案例甚至持续得更久。它并不是一夜之间就从完全清醒急剧转变成智力完全丧失，绝对不是。痴呆症也不会立刻影响到所有心智能力。大多数情况下，痴呆过程一开始只会影响某些能力，其他能力会保持一段时间，通常这段时间是以年为单位。但最终，病情开始蔓延。在痴呆症的早期阶段，病人数年内仍能保持大多数心智能力，也许还能完成复杂的甚至需要高智力的活动。尽管处于“下坡路”的启程阶段——它最终会通向完全性痴呆，并且在多数情况下不可逆转，个体也不会近乎痴呆，数年内都不会。此外，并非每一种轻微认知损伤都会发展成完全性痴呆。因此，痴呆过程和完全性痴呆是有区别的。很久以前，医生和心理学家就认识到这一事实，并详尽记录了不同阶段的智力衰退。

我之前提出了一个观点，预先形成许多识别模式的大脑能够长期抵挡神经侵蚀的影响。下文中，我们会探讨保障这种防护的大脑机制。但首先我们要研究一下这种现象本身，好让读者不再怀疑这种听起来不合理的主张：神经受到衰老影响的同时，认知能力很可能仍然强大。

接下来，我会讨论几位著名艺术家和政治领袖的生活，他们在认知受到衰老影响的同时，在历史和文化上留下了不可磨灭的印记（无论好坏）。我会谈及与他们的非凡成就相伴而生的神经功能障碍和早期智力下降的征兆。

艺术家与痴呆症

长久以来，横跨西班牙与法国边境的巴斯克地区一直被认为是神秘之地。巴斯克语相当独特，和印欧语系诸分支语言都不同，它的起源至今不明。据推测，巴斯克人可能是最早的欧洲人种，和凯尔特人甚至是前凯尔特人有亲缘关系，他们是生活在未被多次迁徙及征战改变了种族和语言特点的欧洲大陆的部落的后裔。最近人们也因巴斯克地区零星爆发的独立运动关注到它。对旅游者来说，这与他们无关，空气中也并没有充斥着火药味。而且，巴斯克首府圣塞巴斯蒂安是欧洲最有名的海滩度假胜地之一，这意味着帆船、阳光、一流的餐厅以及对美好生活的纵情享受。该地区还保存有独特传统的纪念性雕塑，特别是伟大的巴斯克雕塑家爱德华多·奇利达（1924—2002）和他一生的对手乔治·奥泰萨（1908—2003）的作品。

我在访问圣塞巴斯蒂安期间，晚餐时谈到了奇利达，他在那一年的早些时候去世，享年 78 岁。招待我的是当地医疗中心的神经学家，他们正在讲述如何照料这位处于阿尔茨海默病晚期的著名雕塑家，陪他度过生命的最后时光。原来奇利达在生前最后一年完全丧失了行动能力，他的智力也被疾病吞噬了。

第二天上午，我们驾车前往坐落在附近萨瓦拉加村的一座雕塑公园——著名的奇利达－勒库博物馆，其中收藏了最大规模的奇利达的作品。博物馆原是一个16世纪的谷仓的中心区域，奇利达将其改装成了住宅，四周环绕着花园和草地，郁郁葱葱，一座座雕塑点缀其中。奇利达的作品是不朽的，大多数也是抽象的。他使用金属、大理石、石头和木头创造出抽象而极具感染力的形态，一种巨大雕塑与个人情感的完美融合。当我在巨大的作品之间穿行时，感觉这些当代雕塑和巨石阵有异曲同工之妙。它们看起来永恒不变，受同一个灵感启发，或者至少是一脉相承的灵感。巴斯克人和凯尔特人都是欧洲古老民族的直系后裔，被后来者的入侵浪潮驱赶至大陆西侧边缘。莫非是共同的历史转换成了共同的艺术情感？从巨石阵的德鲁伊教徒到今天的巴斯克人，这段跨越了4000年的历史使人们在奇利达和奥泰萨的现代作品中看到了传统的影子。我一边继续在雕塑公园闲逛，一边因为这样的想法而感到愉悦，思绪翻飞。

然后我注意到紧挨着雕塑的饰板，实际上还不少，上面刻着20世纪90年代中期、后期，甚至是2000年的日期。我们知道，阿尔茨海默病并非突然发作。相反，它是一个逐渐侵蚀的过程，智力的丧失需要数年而不是数月。一个在2001年处于痴呆症晚期的人，正如媒体报道的奇利达，在20世纪90年代后期，也可能早在20世纪90年代中期，一定已经受到了疾病的影响。然而，环绕着我的这些杰作——世界上大型博物馆的馆长全都会不计代价地想要拥有它们——很可能是由一位患有阿尔茨海默病的艺术家创作的。我和东道主分享了观察到的年老大师的事例，他们看上去和我一样困惑。我们没有继续追究，但访问过后的几个月里，年老大师的形象一直在我脑海里萦绕不去：他失去了记忆，但没有丧失技艺，而且通过自己的艺术战胜了疾病，至少是在一段时间里战胜了疾病。

北美当代艺术家威廉·德·库宁（1904—1997）和爱德华多·奇利达有相似的经历。1926年，22岁的荷兰人德·库宁来到美国安家，他是20世纪美国艺术独一无二的缩影。他主要从事绘画，偶尔也涉及雕塑，这段艺术生涯跨越了3/4个世纪。德·库宁是真正的先锋，开创了绘画的新方向。独创是他的性格本质。“大树下什么也不会生长。”他曾经对一名问他为什么从不向知名艺术家学习的学生说。但与他的箴言相悖，他自己成了“大树”，促进了一个全新学派的成长。据他自述，他早期痴迷于立体主义，经历了绘画的过渡阶段，逐渐由抽象化的“安静男人”转移至“野性女人”，不断前进的德·库宁成了后来被称为“抽象表现主义”的创始人。

20世纪70年代，德·库宁身边的人明显察觉到了他的健忘。事情常常就是如此，健忘症影响他对近期事件的记忆，但没影响到很久之前的记忆。神经心理学家和神经学家熟知这种现象，它有一个冗长的名字，叫“逆行性遗忘的时间梯度”。但随着病情的发展，即使是遥远的记忆也会丢失。他的传记作者海登·赫雷拉（Hayden Herrera）记述过这样一个插曲，德·库宁认不出多年的至交好友，他最终被确诊为阿尔茨海默病。

但这位年老的大师继续绘画生涯，整天泡在工作室里，有时候一周能完成几幅画。“一幅完成的画作会提醒我明天可以休息了”，这是他81岁时说的一句被人们广泛引用的妙语。（他的记忆也许受到了侵蚀，但他的智力没有消失。）

德·库宁在艺术生涯的最后一段时光里仍在进步。20世纪80年代，他的笔触变宽，到80年代末，他的绘画开始转变成他的传记作者兼朋友爱德华·利伯（Edvard Lieber）所说的“极度活跃形式”——构图中缠绕着细长鲜艳、宛如波浪起伏的色带。80多岁的德·库宁意识到了这种改变：“色彩又回到了我的绘画中。以前我用绘画探索未知，但现在我用它隐藏已知。”这远不只是风格上的改变。对德·库宁来说，他的作品始终是深层次理解事物的意义及其自身经验的一个途径，而不仅仅是一组形式主义画作。“风格是骗子……一个人对风格的渴求只不过是对自身焦虑的让步。”德·库宁多年前如此写道。

那么，德·库宁作品的改变反映了他的人生阅历的哪些变化呢？认知变化在他的艺术发展历程中发挥了什么作用呢？效果是好还是坏？还是说好坏交织？

德·库宁作品的改变没有逃过艺术评论家的眼睛。他们认为这是一种进步，洞察力和理解力表现出了新高度。“节奏更加从容有度，空间更加开放……新的秩序、新的沉着……德·库宁净化了他的笔触，曾经的典型美呈现出一种超物质的空灵，然而又蕴含了它的物质起源。”戴维·罗桑（David Rosand）写道。“德·库宁从未长时间远离自然，但现在他离自然更近。”薇薇安·雷诺（Vivien Raynor）在《纽约时报》上写道。

这就是 20 世纪的两位大师爱德华多·奇利达和威廉·德·库宁的故事。尽管阿尔茨海默病的发展对生活的其他方面造成了严重影响，但他们仍能创造出一流的艺术。在进一步探讨是什么让这一切成为可能之前，让我们先领会事实本身具备的纯粹力量，无论它们可能有何种解释。

领导人与痴呆症

为了完全领会这些事实的力量，我们还要注意它们的普遍性特征。大师在各种增龄性脑疾病的严重影响下仍能记住他们的技艺，这样的故事并非只在艺术舞台上上演。我们也来关注一下政治舞台。我们将进入一个道德上的不可评判领域。如果说伟大的艺术家是因为好的一面而被铭记，至少他们作为公众人物是如此，那么权高位重的政治家和政客则有的是英雄，有的是恶棍，有的是两者的融合体。我们会各举一个例子，他们虽然认知能力下降甚至患有早期痴呆症，但仍渴望统治世界。

“我们国家的美德里，我第一眼看见的就是智慧。”柏拉图在《理想国》中写道。但愿如此！我们常常认为，有钱人和掌权者不受自然规律的束缚，这里面也包含物理学和生物学的规律；而且，有钱人和掌权者可能最先相信这一点。一些宽容的人称之为“没有界限的自信”，而另一些不怎么宽容的人则称之为“狂妄自大”。

无论这种说法是不是真的，造成痴呆症的生理过程都不会区别对待有钱人和掌权者，或者是道德高尚的人。我们只是刚开始了解痴呆症的生物学成因和过程，它借此夺走头脑的力量，把最杰出的智者变成一具空壳，徒留一个语无伦次、困惑糊涂的人。痴呆症的形式有很多，有些会导致缓慢的脑萎缩，还有些会引起逐渐增多的暂时性缺血中风。更糟糕的是，它们常常以组合的方式出现。每一种痴呆症造成灾难的概率都一样，它们以各种潜伏的方式侵蚀心智，并不会放过有钱人、掌权者和正直的人。令人吃惊的是，在敬畏权力、毫无戒心的公众眼前，有多少影响历史的决定是由遭受侵蚀甚至是已经痴呆的头脑做出的！它们还会继续下去！

很多年前，当这个想法第一次浮现在脑海时，我正在对罗纳德·里根做诊断。身为来自苏联的难民，在崇尚自由的纽约知识界，崇拜里根的我是一个异类。里根摧毁了半辈子以前我出逃的“苏联”。所以，当我第一次模模糊糊地想到里根患了痴呆症，我远非幸灾乐祸，而是真正感到难过。那时公众还不知道里根患了阿尔茨海默病，甚至从没猜测过。事实上，那时里根还没有离任。

在他的第二个任期内，一名记者就比特堡公墓敬献花圈事件质问里根。那是 1985 年，里根不顾助手的反对祭拜了一处纳粹党卫军的公墓。我认为当时美国总统受到了联邦德国总理赫尔穆特·科尔（Helmut Kohl）的摆布，后者是想达到他自己的政治目的。我看电视采访的时候，发现里根回答记者的提问时语无伦次，于是我拿起电话打给我的朋友、神经外科医生（也是一名外交事务爱好者）吉姆·休斯说：“里根得了阿尔茨海默病！”吉姆大笑，没有意识到我说的是真的，而不是开玩笑。

这一判断可能听起来很突然，甚至毫无理由，但我比大多数人更有能力做出这样的判断。作为一名拥有将近 20 年（当时）临床经验和诊断声誉的神经心理学家，我以研究、诊断和治疗各种影响心智的脑疾病为主业。我还从事科研工作，发表科研论文，写作关于大脑、心智以及它们可能发生故障的诸多形式的书籍。里根的语无伦次令我吃惊，也验证了我从其他人身上得来的诊断直觉。罗纳德·里根没能幸免。

我对里根的预感在一段时间后得到了加强，那是他的总统任期的最后一天，我正在看乔治·布什就职典礼的电视直播。

里根经过仪仗队，走到为他准备的威风的皮椅前，倒进椅子，没多久就睡着了，他的脑袋一下子垂到胸前。“脑干受损了。”我自言自语。脑干是大脑中负责维持健全的脑力活动所必需的清醒的部位。此刻，我确信里根的第二个任期的大部分时间都笼罩在趋向早期痴呆的阴影里。

我得出的结论——罗纳德·里根患有阿尔茨海默病或类似痴呆症——在他离任后不久就被“封杀”了，直到官方给出第一个正式通告。在观看关于“伊朗门”事件的采访时，里根否认相关记忆的真诚态度，以及当采访者将事件和当事人的名字抛出来时他脸上困惑、难以置信的表情，都让我印象深刻，几乎可以说是震惊。和许多评论家的观点相反，我确信里根没有说谎，也没有试图隐瞒什么。出于一名经验丰富的临床医生的自信，我认为他确实不记得了。罗纳德·里根正处于痴呆症早期。

当然，我仅凭电视新闻做出的诊断随后得到了证实。1994年，梅奥疗养院给出了“官方”诊断，同时也揭露了里根的危险遗传基因（他的母亲和哥哥都患有痴呆症）。前总统敢于承认自身病情的勇气赢得了我和很多其他人的尊重。早先我对罗纳德·里根的观察结果，是表明了完全痴呆，还是仍旧属于痴呆症前兆“神经侵蚀”或“轻度认知障碍”的灰色地带？归根到底，这个问题是语义性的而不是实质性的，因为我们讨论的是一种无明显症状的渐退而不是突然的转变。2004年，在官方给出痴呆症诊断10年后，这种退化随着里根的去世戛然而止，但它对其后很长一段时间的影响实际上刚刚开始。

影响世界的人物

我通过电视对罗纳德·里根做的诊断将我们带向一个更广泛的议题。他的情况肯定不是特例。人类社会的矛盾在于，能够登上政治、文化和商业机构的权力巅峰的年龄，同样也是各种神经衰退发作的年龄。世界上有很多政治领袖的年龄都在六七十岁。我们承认到了这个年龄，他们身体的衰弱不可避免，但同时社会却对这样的事实视而不见，那就是在这个年龄段有相当数量的人开始变得痴呆。

成功走向人类社会巅峰的英雄人物不会受到大脑退化的困扰，这只是一种幻想而已。就像任何身体上的疾病一样，诱发痴呆症的因素基于年龄和基因易损性。痴呆症是一种影响大脑的增龄性身体疾病，就像冠状动脉功能不全是影响心脏的一种增龄性身体疾病一样。智力逃不过生物衰变基本规律的影响。

有人可能认为，登上成功之巅的人比一般人更加聪明。这基本是事实。但历史上不乏智力超群的个人晚年由于基因和某些未知的环境因素而罹患痴呆症的例子。和我们一厢情愿的想法相反，拥有崇高的社会地位的人在这些事情上并不能幸免，而且事实证明拥有超群的智力的人也不能。

伟大的头脑幸免于难，这种想法乍一听貌似可信，但确实只是目的论上的“令人满意”。事实上，过去 10 年见证了神经系统科学的范式转移。越来越多的证据显示，充满活力的精神生活能重塑大脑，帮助它预防生物学意义上的退化（下文会详细探讨）。但诸如遗传性等其他因素不那么具有可塑性，至少目前是这样。

同样，科学史和哲学史上也存在许多由衰退的伟大头脑提出的深刻见解。艾萨克·牛顿、伊曼纽尔·康德以及迈克尔·法拉第年老时都患有严重的健忘症。更近的例子还有“信息论之父”克劳德·香农，他在晚年被确诊为阿尔茨海默病。

但科学家的智力下降不太可能会导致社会灾难。它也许会产生迟滞效应，使伟大的发现或发明推迟数年、数十年甚至数个世代，但几乎不会造成巨大的灾难性后果。此外，大多数科学家在事业生涯的早期就提出了明确的见解。等到痴呆症来袭的时候，他们很早以前就已经为社会做出了开创性的贡献，因此他们的智力下降，虽然在个人层面很可悲，但不具备广泛的历史相关性。

但政治领袖并非如此。作为掌控重要军事或国家机器的强大政治家，他们取得最高权力的年龄经常会和早期认知衰退的年龄重合，这让他们做出的重大决定笼罩了一层阴影。从被我称为轻度“神经侵蚀”的症状到完全痴呆，智力下降的形式多种多样，但不论是地位崇高的人还是荒唐可笑的人，他们的大脑机制从根本构造上是相同的。一位左右成千上万人生死的世界领袖，和一名决定下周进哪种金枪鱼罐头的社区酒馆老板，根本上依靠的是相同的大脑机制。这意味着可能在社区老板身上并不明显的早期“轻度”痴呆症状，其危险性会在世界领袖的身上放大。

我从电视上观察里根的时候，他大约 70 多岁。在这个年龄，统计学清楚表明，阿尔茨海默型痴呆、多发性脑梗痴呆（一种导致大量小中风的脑血管疾病）以及其他形式的痴呆症都有可能发生。未经训练的人很难察觉痴呆症发病过程的早期阶段，即使一直处于公众视线之中的领袖也是一样。判断力、自控力以及其他高级心智功能障碍起初微不足道，接着越来越明显，最终一个人完全失去了判断力、行动能力，再也掩饰不了他正遭受的心智障碍，即使离他远远的也不行。

过去的一个世纪，主要国家的领导者中有不少“正遭受神经侵蚀”，罹患痴呆症或已经痴呆。痴呆症以一种无关道德的方式袭向世界上的大人物。

反面大人物里，阿道夫·希特勒在“二战”后期出现了严重的帕金森病症状。根据某些报道，他的记忆减退也很明显。和流行的观念相反，帕金森病不只是一种运动障碍，它经常会导致一定程度的认知障碍甚至完全痴呆。虽然也存在着和帕金森病外在症状类似的其他疾病，但只有它会出现严重的心智功能障碍。其中最常见的是路易体痴呆，一种伴随着老龄化的退行性脑疾病。第二次世界大战末期，56 岁的希特勒很可能患上了帕金森病而不是路易体痴呆。不管怎样，基于简单的流行病学考虑，他非常可能出现智力衰退。事实上，他的亲密伙伴阿尔伯特·斯皮尔写道，希特勒“冷漠无情”“精神迟钝”，在战争后期越来越难以做出决策。

20 世纪的另一个大人物也未能幸免。据报道，早些年以非凡记忆力著称的约瑟夫·斯大林患有记忆缺失，他甚至忘记了亲信的名字。斯大林的妄想症（痴呆的一种常见症状）明显恶化，他身边的人处境也比以往更加危险。按照西蒙·蒙蒂菲奥里（Simon Montefiore）的说法，他的副官“确信他正在衰老”。战争结束后，来访的南斯拉夫共产党人米洛万·吉拉斯（Milovan Djilas）援引尼基塔·赫鲁晓夫的话说，斯大林“脑子不太清楚”。斯大林的俄语（并非他的母语，但是他获得的一个非凡能力）变差，他很难表达自己的想法。第二语言的失控以及转而使用童年时代的语言（斯大林的母语是格鲁吉亚语）是双语个体受痴呆影响的充分证据。斯大林同时患有短暂发作的定向障碍和脑血管疾病中常见的眩晕症。蒙蒂菲奥里还写道，1952 年春天斯大林接受了“他的私人医生”弗拉基米尔·维诺格拉多夫（Vladimir Vinogradow）的检查，后者诊断出斯大林患有“小中风，额叶脑组织里存在小囊肿”。1953 年斯大林因中风死亡（一些历史学家认为他死于毒杀），其大脑解剖结果显示出至少持续了 5 年的动脉硬化迹象。他的情况放到今天会被称作“多发性脑梗痴呆”。

增龄性脑疾病也没有放过 20 世纪的政治大人物。1919 年，伍德罗·威尔逊在办公室突发严重中风，后来病情得以缓解，但没有完全康复。用他的传记作者的话来说，威尔逊中风后变成了另外一个人。他的思维变得僵化，不能进行更细致的辨析，仅以简单的是非黑白来区分一切。在总统任期的最后两年，这些执拗特质萦绕不去，使他无力应对奉行孤立主义的国会议员，致使其国际联盟政策倒台。

富兰克林·德拉诺·罗斯福（Franklin Delano Roosevelt）则患过一次致命的中风，但大中风通常由今天所说的多发性脑梗疾病发展而来，后者的特点是不断累积的小中风。在罗斯福时代，这种情况既不为人所知，也没有任何能够诊断它的测试（比如 CT 或 MRI）。尽管如此，权威的历史学家还是发现了罗斯福智力和决策能力下降，以及他在“二战”最后阶段“厌恶处理重要事情的新特质”。他可能在最后一次中风前就已经患有认知衰退。

温斯顿·丘吉尔也是如此，他是我最崇拜的 20 世纪的政治领袖。第一次被选为英国首相时，丘吉尔已经 65 岁了，比 20 世纪其他重要政治领袖取得最高权力的年龄都要大。

丘吉尔的战时伙伴，如菲尔德·马歇尔·阿兰布鲁克（Field Marshal Alanbrooke）（他们不定期地就会担忧自家领袖的精神状态），以及他的传记作者罗伊·詹金斯（Roy Jenkins），都提到了他在“二战”期间偶尔出现记忆力下降。但是，这些失常并没有阻碍他整体事业的辉煌，暂且不论偶尔失意。1949 年，在两届首相任期之间，丘吉尔第一次被发现轻度中风。在第二个首相任期内，也就是战后 1951—1955 年期间，用罗伊·詹金斯（每个公众人物都期待的富有同情心的传记作者）令人印象深刻的话来说，丘吉尔“非常不适合那个位置”。

根据詹金斯笔下丘吉尔身边人的叙述，在第二个首相任期内，丘吉尔的心智水平变得忽高忽低，他的专注力、撰写演讲稿的能力以及弄清复杂概念的能力也是如此。他在纸牌游戏上投入了过多的时间。他遭受了一连串的小中风。1953 年，仍然在任的丘吉尔由于严重中风而倒下，在轮椅上坐了一段时间，他说起话来含糊不清。经过简单的神经治疗，他恢复得很好，但已经不是过去的自己了。他周围的人怀揣既尊敬又不耐烦的矛盾心情等待他辞职，但这并不容易做到，因为他一直延迟到了 1955 年 4 月。

现代政治史上也不乏在任领袖智力衰退的例子。列昂尼德·勃列日涅夫，苏联“停滞期”的领导人，在统治后期经常出现语言不连贯、说话含糊不清和步态不稳的情况。著名的俄罗斯历史学家、接近苏联领导高层的三星上将德米特里·沃尔科戈塔夫（Dmitri Volkogonov），将勃列日涅夫任职最后几年里的举止描述为“老迈和糊涂”。里根的朋友、丘吉尔保守党同僚、杰出的继任者玛格丽特·撒切尔宣称由于一连串的“小中风”，需要退出公众视线，这似乎暗示撒切尔夫人正处于痴呆症的早期阶段。和美国、法国总统任期的规定不同，英国宪法对首相任期次数并未做出限制。在另一种情况下，“铁娘子”很可能会再三连任，那么她在担任欧洲最古老的民主政体的领袖期间，潜伏的痴呆症就会发作。

这样的例子在 20 世纪最后 10 年更多。俄罗斯前总统鲍里斯·叶利钦和印度尼西亚前总统阿卜杜勒拉赫曼·瓦希德 [“古斯度尔”（Gus Dur）] 就是新的例子，他们虽患有痴呆症，却领导着世界大国。叶利钦是一名酗酒症和心脏病患者，患上不可逆转性脑改变的概率比较高。一个大国首脑当着一群国家要员的面，在外国机场停机坪上小便绝不只是醉酒那么简单。作为穆罕穆德·苏哈托下台后的过渡性人物之一，印度尼西亚总统瓦希德也发作过几次损伤大脑的严重中风。他讲话语无伦次，这一点尽人皆知。

上述两位对各自国家的领导功过参半。他们都以古怪、矛盾和常常不合逻辑的行为出名，这是他们在转变过程中的怪异反应。我强烈怀疑叶利钦、瓦希德和勃列日涅夫能否通过神经心理学痴呆症评估，而这一点在北美老年诊所被普遍执行。

上文对世界领袖心智障碍的回顾，总结起来是一幅相当令人震惊的图景，尤其是考虑到近年对“正常衰老”定义的修正。

在过去几代人的观念里，认知丧失、“失去理智”被认为是正常衰老的一部分。我们现在不再这么认为。约翰·罗（John Rowe）和罗伯特·卡恩（Robert Kahn）在其开创性著作《成功老龄化》（*Successful Aging*）里对“智力衰退正常且不可避免”的观念提出挑战，他们坚持认为，增龄性智力衰退的原因是一种或多种可确认的脑疾病，而其中很多种疾病是可预防或治疗的。他们提出了“成功老龄化”的概念，其内涵包括进入老年后依然保持清醒度和头脑敏锐度。罗和卡恩认为这才是正常的衰老，而不是智力衰退。那些活泼、机敏、敏捷、思维灵活的八九十岁老人是我的榜样，比如美联储主席艾伦·格林斯潘（Alan Greenspan）和著名历史学家雅克·巴尔赞（Jacques Barzun）。我总是在想，等我老的时候，是否会有一丁点儿像他们。

问题是，就大脑而言，有些 20 世纪最重要的世界领袖似乎并未成功老龄化。恰恰相反，从神经学的角度看，这些主宰 20 世纪政治格局的大人物，无论好与坏，其老化的情况都极为糟糕。

在本章因这些历史逸事可读性增强的同时，千万不要遗漏重点：尽管常常患有严重的心智障碍，但多数领导人仍然在位。毫无疑问，虽然他们中的大多数人身边围绕着助手和秘书，但仍然作为真正的领导人而非名义上的领袖领导着各自的国家。他们大多数一直掌权到生命终结。乍一看似乎令人无法置信，但纵观历史，这样的情况不胜枚举。如同上文所述，相当多的文化名人能在认知被严重侵蚀甚至是痴呆的情况下保留敏锐的观察力。

这些杰出人物之所以能战胜神经衰退，依靠的正是先前形成的丰富模式识别能力，从而能应对许多不同的新情况、新问题和新挑战，仿佛熟门熟路一般——这是他们的伙伴和对手都缺乏的一种优势。本章中提及的杰出人物验证了赫伯特·西蒙的主张，即模式识别是我们可支配的最有力的认知工具。他们的历史清晰地表明，模式识别机制能在很大程度上抵挡大脑老化的影响，该机制对心智退化的保护意义深远，以及一个人头脑中存储的众多成熟基本模式的强大效果可以完整地保存到更高龄的生命阶段。模式识别机制甚至能在很大程度上和很长时间里抵挡增龄性痴呆的影响。

本章提及的重要名人并非都获得了智慧——远非如此，但可以说他们都在各自的认知舞台展露了专长和能力，尽管有好有坏。他们也许丧失了一些或大部分心理运算能力。他们的记忆力和注意力也许严重受损，但他们通过先前的经验积累了大量认知模式。这让他们在心智受到侵蚀的情况下，也能轻车熟路地应对各种不同的复杂情况，能在那些运算能力更强但缺乏“模式识别能力”的同事、伙伴以及最重要的对手之间占据支配地位，不论好坏。下文中我们会探讨认知模式究竟如何形成，以及它们不受智力衰退影响的原因。但首先我们会从心理学角度研究智慧、能力和专业知识。

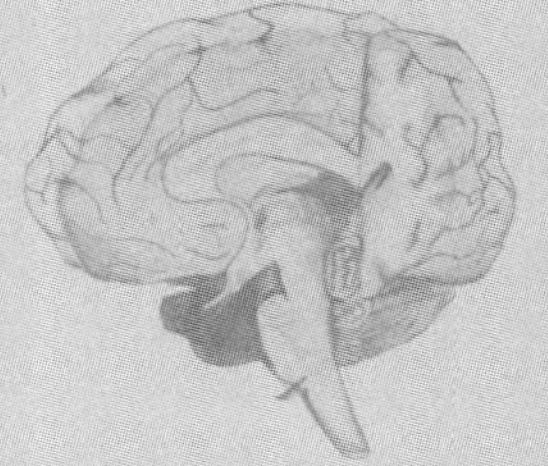

文明孕育的智慧

第 4 章

智慧和天才

智慧是上天馈赠的礼物还是后天努力得来的奖赏?

智慧现象令一代又一代哲学家、心理学家和普通大众惊叹不已。人们在历史早期就已认识到它的独特性，各种文化和文明都充满对智慧的赞美之情，孔子的学说和所罗门的箴言都体现了这一点。在近代，主要的科学家和社会活动家已经将智慧作为心理现象和社会现象加以研究。这也催生出数本以“智慧”为题的图书，它们从截然不同的角度对这一奥秘进行了解读。

其中一本由备受尊敬的耶鲁大学心理学家罗伯特·斯滕伯格（Robert Sternberg）编辑，书中汇总了许多一流科学家的研究成果，广博且易懂。我发现它对我写作本书尤其有帮助，我在书里引述了论文集中的不少信息和见解。

澳大利亚电台记者彼得·汤普森（Peter Thompson）出版的一本同名书视角非常不同，他试图通过采访各行各业受上天青睐的杰出公众人物来一窥智慧现象的神秘。

人们普遍认为智慧最让人梦寐以求：“智慧为首，所以要得智慧。”(《圣经·箴言》) 但如何获得智慧? 智慧究竟是什么? 从个人角度来说，获得智慧的感觉是内心深处满足感和成就感的来源。“智慧是幸福的最主要的部分。”索福克勒斯在《安提戈涅》(*Antigone*）中写道。心理学家米哈伊·契克森米哈（Mihaly Csikszentmihalyi）和凯文·拉桑德（Kevin Rathunde）

认为，在“衡量人类行为”的准则中，智慧在数千年的历史中吸引了人们最持久的关注。他们进一步说，虽然非常直观，但“智慧”的概念在2500多年里不断延续。心理学家詹姆斯·比伦（James Birren）和劳雷尔·费希尔（Laurel Fisher）甚至将人类第一次提及“智慧”一词的时间推向更遥远的历史开端。他们引用《大英百科全书》追溯到大约公元前3000年写作的古埃及作品，里面第一次引述“智慧”一词：600年后，法老身边有一名高官以智慧著称，他的名字叫普塔霍特普。在较近的年代里，长有七根知识分权的“智慧树”成为中世纪西方艺术颇具代表性的形象，而T. E.劳伦斯（T.E.Lawrence）描写东方传统的《智慧七柱》（*The Seven Pillars of Wisdom*）也在英语国家中声名显赫。迄今，我们将秩序和教化视作智慧的彰显，将混乱和无节制视作智慧的缺乏。纵观历史，智慧一直被理解为知识与道德、精神和实践的融合。

然而，尽管人们对智慧现象的兴趣长久未变，自古以来对智慧的本质也争论不休，但即使是现在，它依然笼罩在神秘之中。直到最近，人们仍未认真地尝试去理解智慧大脑的机制，关于该课题的论述也几乎没有。“也许需要比我们任何人都多的智慧，才能完全和正确地理解智慧。”罗伯特·斯滕伯格说。他是著名的心理学家，也是研究该课题的一名杰出学者。

如何接近这个看似不可逾越的课题？我以前的教授、杰出的心理学家和文雅寓言的狂热爱好者阿列克谢·列昂季耶夫（Alexei Leontyev）曾经说过，为了让事情更容易理解，首先你需要将它们复杂化。我们会按照这个很有挑战性的秘诀行事。

为了达到目的，我们还会考虑到天才，好像智慧还不够棘手似的。

智慧和天才常被相提并论。事实上，斯滕伯格在其开创性论文的标题里将“智慧”和“创造性”放在一起。但天才（或创造性）的本质和智慧的本质一样神秘莫测。“从遥远的古代到现代哲学的起始，智慧和天才一样被解释为神的旨意、灵感、星座力量、第六感、遗传优势和自然的意外。”罗伯特·斯滕伯格写道。天才是最受尊崇但难以企及的人类特质之一，智慧亦然。它们为少数人所有，我们大多数人都不会假装拥有，甚至是渴求拥有。

天才和智慧是人类心智的极端表现，其存在充满与生俱来的矛盾。它们可能会悄无声息地降临到我们当中。矛盾在于，天才和智慧的人做出的结论可能会和当时社会的主流概念及信仰完全不同步，导致它们被当成胡言乱语而遭遇丢弃或彻底忽视的命运。

这种矛盾的必然结果是，为了产生影响，天才和智慧必须领先于社会，但不能领先到令人无法理解的地步。它们必须对主流观念发起挑战，但同时也要和它们保持联系。军事史学家 J. F. C. 富勒写道：“天才令人困惑。”确实如此。但不要太令人困惑，以免被当成愚蠢遭到忽视或嘲笑。威廉·华兹华斯捕捉到了这种良好的平衡，他写道：“永远记住，一位好的原创作家，无论写得多好、多新颖，他创造的美学风格必须能为人所欣赏。”

天才可能比智慧更加超前于时代。毕竟，我们对智慧的定义是“联系新旧事物并应用超前经验解决新问题的能力”，但对天才的定义则是“以最纯粹的形式揭示和把握未知新事物的能力”。远超于时代的天才很可能会被同代人忽视，在传给下一代人的过程中丢失，但是你很难把这种怠慢归咎于社会。“创意的本质就是它的新颖性，因此我们没有标准来评判它。”心理学家卡尔·R. 罗杰斯（Carl R. Rogers）说。

这是否意味着，那些著名的思想家、文化偶像，那些用理论和发明推动文明前进并像黑夜里的灯塔一样照亮文明进程的伟大科学家和哲学家——亚里士多德、伽利略、牛顿、爱因斯坦——其实是二流的智者，就像红酒爱好者口中的“二级酒庄”一样？这是否意味着，我们的历史中曾经时不时地出现过被遗忘的“极端天才”，他们的名字和思想已经永远丢失在一个当时无法理解他们的社会之中？这个想法非常有趣，在一段时间内让我无法自拔，主要是因为它含有颠覆文化的模糊暗示，即拒绝真正最好的思想而接受第二好的思想。但进一步思考的话，这个命题有点自相矛盾，如果他们的名字数世纪前就被遗忘了，那我们今天怎么知道这些天才存在过呢？

然而，有时候一个几乎被遗忘的天才也会因为意外、巧合、侥幸和文化史学家的辛勤工作而浮出历史水面。我将之称为“达·芬奇现象”。如今，达·芬奇被公认是天才：艺术天才、发明天才和机械天才。正是他的艺术天赋使他得以不朽，使人们对其遗产的各个方面保持长久的关注，包括他的工程设计笔记。但请允许我提一个问题：如果没有艺术天才达·芬奇，只有机械天才达·芬奇，今天的我们还会知道他的名字吗？我想不会。他在机械设计方面的想法太过超前，太过领先于他的时代，以至于对同代人造成影响的可能性微乎其微。要不是达·芬奇是位天才艺术家，他的机械设计天赋很可能会无可挽回地被人忽视！然而，智者被目光短浅的同代人鄙视和嘲笑的事例也不是没有过。并非只有天才会遭遇这样的命运，智者也会过上“在故土不受尊重的先知”的生活。如果你愿意，可以称其为“卡珊德拉现象”。想想在南非遭到警察殴打的莫罕达斯·甘地，或者在苏联遭到流放的安德烈·萨哈罗夫。

如果只是一个比喻的话，“被神触摸”这个短语蕴含何种意义呢？尽管我是有着无神论倾向的不可知论者，但在遇到一个天赋超群的人时仍会使用它。这些纯净的特质，天才和智慧，是否离我们这些平凡人十万八千里呢？如果是，既然我们或许缺少识别真天才和真智者的能力，如何才能去理解不可思议的事物，去定义天才和智慧呢？还有，我们怎样才能将智慧和天才与生活以及现实中的智慧联系起来？让我们这些普通人直面现状，就像本书的大多数读者和它的作者一样。

那些拥有智慧或天才的人是否从根本上和天性上就和我们不同？他们是由不同品质的材料组成的吗？好比米开朗琪罗的大理石雕像、站在底座上的“大卫”与那些频频赞叹的游客之间的本质区别。还有，这些令人梦寐以求但又最难企及的特质和一些我们多数人都能拥有或者起码能实际去追求的品质之间存在着连续性？换句话说，智慧和天才可能是一些非常理想但更为常见的特质的最高形式吗？为了研究这种连续性，我们会进一步阐明智慧和天才的神秘之处。通过鉴别和研究潜在的心理特征，我们会让这些概念对大多数人的生活来说更具实用意义，他们也许聪明有才华，但既不是天才也不是智者。

才华和专长

为此，我们来看两种非常理想但更为常见的特质：才华和专长。假定天才是才华的最高体现，智慧是专长或能力的最高体现。把天才想象成才华的 N 次方。或者反过来，才华是人类尺度上的天才，能力是人类尺度上的智慧。天才和才华是同一条认知特质曲线上的两个点。把智慧想象为能力的 N 次方。智慧和能力是另一条认知特质曲线上的两个点。

通过这种方法，我们肯定会剥夺天才和智慧的某些东西。这些重要概念的一部分会在分析中丢失，但我们引进了一种清晰的可测量标准。这是有价值的交换。而且在阐明它们之前，我们还要让它们经得起检验。这至少是科学的，不完全是诗意的想象。

才华和专长也是非常珍贵的特质，我们大多数人都能具备获得它们的能力。这是否意味着我们也会获得天才或智慧呢？不太可能。但我们大多数人拥有才华和专长（或能力）——接近两者的特质，如果更谦逊一点说的话。

鉴于斯滕伯格令人信服的告诫，我们不指望能完全理解天才和智慧或者才华和能力。我们在这里考虑的主要是神经生物学，考虑二者背后的认知机制和大脑机制。这诚然是一个局限的视角，没有纳入道德、社会和其他因素。但这是一个重要的视角，基本上还未被开发。

更进一步，我们需要明确才华和能力的定义。让我们用新颖性和创造性来定义才华。才华是一种特别的创造力，在个人的工作领域内，真正新颖的东西和先前的内容截然不同：新颖的想法、新颖的艺术、新颖的技术、新颖的工业产品、新颖的社会结构，等等。

让我们用联系新旧事物的才能来定义能力。能力是一种识别看似新的问题和先前已解决的问题的特别才能。反过来，这也意味着一个有能力的人拥有大量可支配的心理表征，而每一种心理表征都抓住了各种具体情况以及与此相关的最有效行动的真髓。

能力和智慧之间的连续性没有逃过心理学家的眼睛。按照斯滕伯格的说法，人们认为有智慧的人被赋予一种“看问题和解决问题的独特能力”。能力及其最高形式智慧的正式定义和直观常识，不仅强调对事物本质的深刻洞察，而且强调——甚至程度更甚——对改变它们所需要采取的行动的敏锐理解。人们通常向智者寻求指导而非解释。智慧和能力在他们的规范性权力中最具价值。现在先记住这一点，我们稍后会再次提及规范性知识的话题。

才华及其最高形式天才，能力及其最高形式智慧，均是对立统一的存在，它们是一个生命周期的两个阶段。才华给人希望，但要靠能力来实现。天才（及才华）通常和年轻挂钩，智慧和能力则是成熟的果实。莫扎特顽皮的鬼脸是天才专属，托尔斯泰沧桑的面庞是智者特有。哲学家、心理学家和诗人都已注意到智慧和青春的置换。智慧和能力是衰老的回报。

尽管存在例外，但这样的定论至少在广泛的统计学意义上是正确的。在科学家中，30 岁左右是突破性发现的巅峰期，此后则逐年下降。天才爱因斯坦 26 岁就创立了 20 世纪的划时代发现“相对论”，而智者爱因斯坦 60 岁才开始就战争、和平及核能（20 世纪面临的首要威胁）等问题为罗斯福总统出谋划策。

对于一位长寿的天才，你很难辨别在其漫长的创造旅程中，天才何时终结，智慧何时开始，这两者的无缝融合共同促进了老年阶段非凡成就的创造过程。米开朗琪罗 30 岁左右完成了伟大的作品西斯廷教堂天顶画，但 70 岁左右才指挥重建梵蒂冈的圣彼得大教堂并为其设计恢宏的天顶。

天才和智慧的无缝融合令人惊叹，这给伟人的一生增添了圆满的结局和满意的成就，但这并不总能实现。历史上不乏没有进化到智慧阶段的“未竟天才”。可以说，文艺复兴时期的伟大画家卡拉瓦乔（Caravaggio）和叛逆的法国诗人亚瑟·兰波（Arthur Rimbaud）短暂而激荡的一生并未显示出通往智慧的迹象。兰波的灵魂伴侣兼情人、伟大的象征主义诗人保尔·魏尔伦（Paul Verlaine）成功地活了更长时间，尽管丑闻无数，但同样死于放荡和堕落，没有朝智慧的方向前进哪怕一丁点儿。有人说伟大的雅典将军地米斯托克利（Themistocles）“他的伟大体现在天才而非性格”。同样地，我们也可以说卡拉瓦乔、魏尔伦、兰波，可能还有莫扎特，他们的伟大体现在天才而非智慧上。

相反，有些人的开端相对来说难以形容——极端情况下甚至被当作庸才遭到摒弃或遭遇更差的待遇，但他们后来显示出无与伦比的智慧。这种情况通常发生在政治领袖身上。罗马皇帝克劳狄乌斯（Claudius）、联邦德国战后第一任总理康拉德·阿登纳（Konrad Adenauer）以及被杀害的埃及总统安瓦尔·萨达特（Anwar Sadat）可以说就是这样的例子。

更现实地说，我们都听过一些“泯然众人矣”的天才，也认识一些非常普通但在自身领域默默耕耘、能力超群的人。

智慧：解决问题的高级能力

因此，天才和智慧，以及相关的才华和能力往往并不等同，事实上它们通常不会。很多人似乎都承认这些重要特质有所区别。斯滕伯格对各行各业的人如何看待创造性和智慧之间的关系进行了研究。结果证明，大多数研究对象认为，两者是正面特质，但没什么联系，有些研究对象甚至认为它们是负面特质且相互对立。有趣的是，该研究还表明，人们认为“智慧”和“创造性”与“智力”的关系比它们相互之间的关系更紧密。这告诉我，大多数人头脑里的“智力”概念指的是思想诸多方面的总和，而非思想的某个特别、独特的方面。

看来很多人都相信追求新颖是年轻人的特质，而智慧是老年人的特质。心理学家 J. 黑克豪森（J.Heckhausen）、R. 迪克逊（R.Dixon）和 P. 巴尔特（P.Baltes）设计了一项很好的实验，让实验对象回答人们在不同年龄有哪些不同的特质。大多数实验对象认为，人们 20 多岁时的主要特质是好奇心和清晰思考的能力，而要到 50 多岁时，智慧才会成为主要特质。在对各种特质进行排序时，他们将智慧列入了最想拥有的特质之中。在另一项类似的研究里，马里恩·珀尔马特（Marion Perlmutter）和她的同事发现，大多数人首先将智慧和高龄联系在一起。这意味着一个有趣的推论：如果人们认为智慧是老人的特权，智慧又是他们最想拥有的特质之一，那么他们一定也认为衰老有益，有积极的一面和独特珍贵的优点。

在大多数人的头脑里，能力和智慧一样，也是成熟的果实。将智慧理解为能力的最高形式，这与心理学家保罗·巴尔特和雅基·史密斯（Jacqui Smith）采取的方法一致。他们将智慧定义为“专业知识”，即一种高度发达的处理包括“重要但不确定的事情”在内的“基本生活”的能力。他们认为，智慧的重要先决条件包含“丰富的事实性知识”和“丰富的程序性知识”，并指出积累这样的知识显然需要很长时间。

遵从斯滕伯格慎重的（也是明智的！）告诫，我会忍住不去探讨智慧的所有内涵。我会放弃从存在主义、自我实现和道德层面探讨智慧，埃里克森、荣格、科胡特和其他心理学家已经从这些层面深入剖析过。我会把本书的范围局限在智慧的一个方面：解决问题的高级能力。这无疑很狭窄，道德不可知论也使得书里所举案例既有很多英雄，也有少数恶棍。虽然该方法有其局限性，但我感觉它作为内涵无限丰富的概念的一部分，已经大到足以撑起本书。解决问题是我们准备从神经科学角度探讨智慧的一个方面。

如果智慧和能力（或者专长）的各个方面都会随着年龄增长而提高，那么我们又该如何看待“人的智力随着年龄增长而下降”这一常见假设呢？或者反过来说，如果我们的记忆力和专注力随着年龄增长而下降，那么我们的智慧和能力又怎么可能增长呢？是什么使智慧和能力与其他心理表征相区别，并让它们在老龄化的破坏中幸存下来？

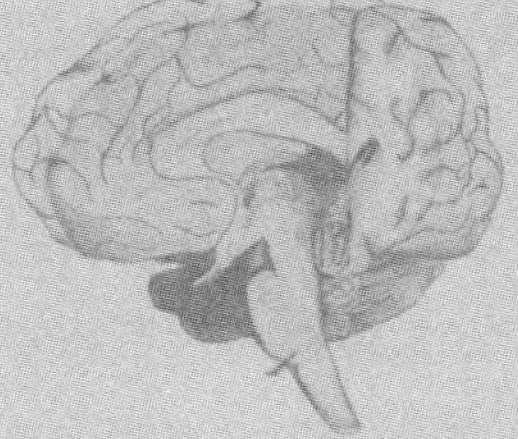

模式的力量

第5章

智慧的分类

是什么神经机制能让智慧、能力和专业知识抵挡衰老的有害影响，并在一定程度上抵挡大脑神经疾病带来的侵害？为了探究这一课题，我们需要进一步研究模式和模式识别的概念，以及它们在我们的心智世界中的作用。所谓“模式识别”，指的是生物体将一个新的对象或一个新的问题识别成已经熟悉的一类对象或一类问题的能力。模式识别能力对于我们的心智世界来说是基本能力。正如我在“大脑的一天”里描述的场景一样，没有它，任何对象和问题都会变得全然陌生，我们也无法将先前的经验运用到应付这些对象和问题上去。诺贝尔奖得主赫伯特·西蒙和其他科学家的研究表明，模式识别是成功解决问题最有用也可能是最重要的机制之一。

识别某些模式的能力在生命早期就已经形成了，识别其他模式的能力则需要在后期阶段习得。大多数甚至所有哺乳动物都具备随时可调用的模式识别的能力。这是否意味着哺乳动物的大脑（包括人脑）含有模式识别的“硬接线”或“预接线”呢？回答这个问题可能不在于“是”或“否”，而在于“到什么程度”。

研究表明，即使是最基本的模式识别机制，大脑机制也需要环境提供一些“最后触发”，以便充分发挥其功能。当这种“最后触发”（通常表现为在早期环境里受到的恰当的感官刺激）不足时，即使是最基本的模式识别机制，也无法完全运作。因此，多数模式识别过程受遗传因素和环境因素的共同影响。但先天因素和后天因素对每一类模式识别的影响各有不同，并且涉及时间尺度的巨大差别——从数百万年到短短数年。

我们大脑中存储的某些类型的模式识别记录了数百万年来所有哺乳动物集体经验的“智慧”。按照著名神经系统科学家杰奎因·富斯特（Joaquin Fuster）的说法，我们称这类智慧为“种族智慧”，或者说“门属智慧”[①]。

数百万年来，这类智慧对很多物种的生存至关重要，它在很大程度上印刻在基因中。更准确地说，或者为了避免前文潜在的目的论语气，那些大脑中存储了可“随时调用”的“种族智慧”的物种生存机会更大。我指的是人类至今仍具备的情感反应，比如对蛇类和悬崖的恐惧，看到太阳升起时的喜悦，以及对火的躲避。研究表明，即使是如此基本的反应，也不是完全现成和立即调用的，它们在早期发展阶段就需要环境的恰当触发刺激。

这类可随时调用的模式识别，或者富斯特所称的“种族智慧”，还包括视觉皮质中用以调整对环境简单特征做出反应的

① 注重动物分类学细节的读者可以将哺乳动物的集体记忆视作“亚种”或“类”。“门”是分类学上一个较为高级的存在。所有的脊椎动物都属于脊椎动物门，分成5类：哺乳动物、鸟类、爬行动物、两栖动物和鱼类。我速记时使用“门”这个词，因为“类”有很多其他内涵。

神经元。当视野里出现特殊的斜度、角度或相反方向时，它们就变得活跃起来。人们不禁相信，这类种族记忆能够让特定物种的成员，也许是整个物种群体，形成对自身生存尤为重要的感官鉴别力。世界由无数的物理属性构成，包括各种各样的感觉。有些感觉其他物种有，我们也有，有些感觉其他物种有，我们没有（比如紫外线视觉和高频听觉）。这些属性对不同物种并非同等重要，恰恰相反，不同的物种或物种群，它们的生存取决于和其栖息环境有关的各种各样的信息。显然，它们能从不同的种族记忆甚至是感觉系统中受益。

作为文化的智慧

现在我们来考虑一个截然不同的模式识别层次：人类文化的结晶。“智慧”这个词一般不会用于描述一群人，更别说一个物种。但它可以用于人类，人类是一个聪明的物种。我们每一个人都能使用文化赋予的丰富多样的模式。

正如我们所知，模式形成和模式识别的能力并非人类独有，其他具备学习能力的物种也有。而我们之所以成为人类，是因为我们能够通过文化将这些技能代代相传、人人相传。高级灵长类动物具备这种能力的初级形态。黑猩猩与其他猩猩的根本不同就是，它们有时候会表现出独特的非基因决定的知识传播行为。这种行为通常被解释为初级“文化”的迹象。作为一名进化连续性观点的坚定支持者，我倾向于接受这种解释。但即使我们接受了该前提，灵长类动物的“文化”在本质上也非常有限，因为它们唯一的知识传播机制就是直接模仿。没有实用的符号系统，这样的“文化”走不了太远。

至于其他物种，模式形成是一件“私事”，每一个物种成员都是认知天地里的鲁滨孙·克鲁索，需要在孤岛上建造自己的心智世界。在这种情况下，模式形成的潜力受个体大脑运算能力和个体生命周期长度的制约。个体之间的积累效应不存在或很微弱，这种潜力相当有限。我们看到，处于文化赋能效应、非遗传性知识传播初期的类人猿、黑猩猩和大猩猩，虽然能在人类的教育下学会基本的“手势语”，但却不能独立构建类似的语言。文化的影响可以超越大脑本身的能力！

和其他物种不同，人类可以免于从零开始发现世界。我们受益于数千年来社会逐渐累积的知识增量效应，这些知识以符号的形式被存储，通过各种文化介质进行交流，并代代相传。作为社会积累的集体智慧的一部分，这些知识会将认知能力自发赋予使用它的人类社会成员。如果智慧是指能让我们从已有角度识别新情况、新问题的各种可用模式，那么人类确实是一个聪明的种族。

组成人类文化的大部分内容是存储以及传承这种集体智慧的方式。这让我们能拥有智慧，它远远胜过个体大脑的运算能力。人类社会的这一独特优势以及强大的工具对种族的生存发展至关重要。知识传播的文化介质依靠各种各样的符号系统，语言只是其中一种，但语言发挥的作用非常特殊，极为重要，它是其他文化介质的源头。除了自然语言，我们还使用更专业的“语言”，比如数学和乐谱。

这些符号系统——自然语言和专业语言——是跨越时空传递特定信息的有力工具。我们从希罗多德的专著中了解古希腊城邦及其与波斯帝国的战争。我们从尤利乌斯·恺撒的《高卢战记》（*The Callic Wars*）和约瑟夫·弗拉维的《犹太战争史》（*The Jewish War*）中了解罗马帝国的征战。还有，得益于马可·波罗的记录，我们知道了忽必烈的蒙古帝国。①

语言让我们形成或真实或虚假，或者真假未知的表述。事实证明，这使得语言极具适应性和有效性，不仅能构建“是什么”，而且能构建“将会是什么”、“可能是什么”，以及“我们想成为什么”和“不想成为什么”。

因为语言在狭义上没有内置“真相过滤器”，因此它成了一种特别强大的意图、推断和形成目标的工具。这种既能按照世界本来的样子，又能按照期望中世界的样子创建符号模式的能力，与大脑额叶创建真正目标以驱动行为的所谓执行功能相互影响。人类为未来创建心智模式的能力，也就是超越现实存在的我们所期望的世界，它的出现很可能是额叶的执行功能和语言共同发展的结果。

然而在广义上，语言确实含有内置“真相过滤器”，而且

① 如果马可·波罗捏造了他的部分旅行见闻，正如一些历史学家已经怀疑的那样，那么这会是语言作为一种有效的文化介质既传播正确信息（知识）又传播错误信息（知识）的经典事例。托勒密关于太阳绕着地球转的“地心说”假设也属于错误的知识（至少我们目前相信是如此）。为了成为一个有用的文化工具，语言必须创建世界的某些基本方面，但它对于具体表述并没有内置的“真相过滤器”。

语言的某些规则塑造了统治物质世界的自然法则。我们经常排斥某些违反语言规则的表述，这并非因为它们不知所云，而是因为它们的内容违反了某些基本的自然规则。比如，“昨天我本来要去看电影”这句表述并不难以理解，在一个时间箭头既可以向前也可以向后的世界里，它非常合理；而“我跌倒之后摔上去了”只有在一个重力方向相反或随机的世界里才正常。

语言不仅是记录特定知识的手段，还通过对我们的世界施加某些模式来塑造我们的认知。没有这些模式，我们周围的世界会成为一个看起来全然不同的万花筒。我们每一个人都获得了代表着社会集体智慧的丰富模式，这让我们得以免除重新发现关键模式的艰辛。

童年时代，我们学习字词的意义和用法，而我们可得的不止是一件沟通交流的工具。我们还掌握了分类法，也就是将代表世界的事物、事件和印象分门别类，从而让世界保持稳定和可控的一种方法。字义知识是模式系统的一部分，能使我们将新事物归入熟悉的类别里。通过学习语言词汇及其概念结构，我们获得理解事物复杂层级关系的能力；通过学习语言的语法结构，我们取得将可能存在关系的事物分类的能力。没有哪个个体的生命长到足以“从零开始”弄懂所有这些分类和关系。我们拥有了这座语言宝库，也就拥有了一代又一代人的知识和智慧。随着我们收集大脑微线路复杂活动的能力不断提高，也许有一天我们能在生物体的大脑中找到类吸引子现象，不同的吸引子对应不同的语言单位，字词、从句，等等。如果不能运用语言中暗含的“集体智慧”，一个人的精神生活会有灾难性的后果。例如，长期以来人们一直怀疑，语言未能对感觉施以有序高效的影响是精神分裂症的成因之一，它使精神分裂症患者的心智出现混乱。

语言凝结了人类千百年来的集体经验，告诉我们世界上哪些特质很重要，哪些特质不重要。但本质上，智慧不仅是陈述性的，还是规范性的。人们向智者提出“是什么”的问题较少，“我们该做什么”的问题较多。长期以来，语言学家一直在探讨语言的谓语指称性。与各种事物和特质相关的动作表现是语言结构的中心所在。语言作为一种识别模式，不仅能让我们把做的事分类，还能让我们决定如何采取相应的行动。

语言是一种“诚实”的介质吗？也就是说，它是否包含了世间万物的唯一“真实”分类？这是一个非常难以辩论出结果的命题。任何数量庞大的物品或特质都有相应的替代性分类。自然语言中隐含的分类反映了对我们的文化和物种最重要的特质。在会说话的狗或海豚的世界里（更别提会说话的蚂蚁或细菌了），语言会以截然不同的方式解析同一个物质世界。不同物种的智慧！因此，语言首先是一种实际的介质。

语言内在的种族智慧既非基因遗传，也非固定不变。和它的神经媒介新皮质一样，语言很灵活，随时能接纳改变。不同于种族记忆，语言所凝聚的种族智慧仅仅反映了人类数千年而不是数百万年的历史，它还有很长的路要走。

毋庸置疑，语言涉及大量的脑处理和认知运算过程。其中，最接近“硬接线”的是语音发声过程。似乎婴儿生来就具备发出一系列语音的能力，而且这些语音在所有语言和文化中都能被识别。随着婴儿在一个特殊语言环境中成长，达尔文所说的进化过程出现了：某些发音得到加强，其余的则消失无踪影。这就是人们在12岁之前能够无师自通地掌握不同环境下的语言，而在之后就不行了的原因。可以说，即使在语言发展的最基本阶段，也离不开遗传和环境因素复杂的共同作用。

语言学家经常惊异于世界上数百种语言的相似程度。其中一些语言学家认为这种相似性证明了语言是由一种非常精确的基因决定的，人类的大脑里存在一种语言专用的、特定的、固有的神经回路。

但我认为，语言相似是因为广义上的使用者相似，使用者生存的环境也相似。简单地说，世界上的语言之所以相似，是因为我们是同一物种的成员，拥有相似的生理构造和需求，占有相似的生态位，我们是同一个世界的居民。不同语言的词汇内容相似，是因为使用者周围的环境相似，采取的行动相似。不同语言的语法相似，是因为它们反映了相似的事物关系种类。但是，当普通环境剧烈改变成特定环境，栖息者的语言也会跟着改变。

用来支撑这一观点的例证通常是爱斯基摩语，据说它用几十个词来描述雪花的不同形状，其他语言里没有这种情况。有语言学家认为，南非和坦桑尼亚部落的科伊桑人和哈特撒人（Hatsa）的搭嘴音（这可能反映了第一批晚期智人的某些原始语言特征）反映了语言对沙漠地貌特有的声学特征的适应性。同样地，不太出名的加那利群岛中有一座拉戈梅拉岛，岛上关契斯原住民的口哨语（早已被西班牙语取代）反映了语言对当地特有地貌的适应性，使岛上居民能隔着山谷交流。如果因为某种奇怪的变异，某些人变得像海豚一样主要生活在水域，或者像鸟类一样主要生活在空中，几乎可以肯定，他们的语言会变得和其他人类语言截然不同。这是因为语言经历着文化的演变，而它们对使用人群的效用又塑造了这种演变，无论是作为表达工具还是作为沟通工具。

在经典作品《人工智能科学》（*The Sciences of the Artificial*）中，赫伯特·西蒙提出了一种令人信服的观点，即生物体行为的复杂性在很大程度上反映的是其栖息的环境，而不仅仅是其内部结构。西蒙举了蚂蚁的例子，他认为蚂蚁以复杂的路径在复杂的地貌上穿行，比起其神经和运动系统来说，更多的是地貌本身凹陷、凸起和存在障碍的结果。如果将另外一种完全不同的小型动物（比如蛇或毛毛虫）置于相同的环境当中，它也会在大致相同的复杂轨迹之间来回移动，尽管它的内部机制和蚂蚁截然不同。它甚至不必是活的有机体，被置于相似环境的小机器人也会遵循相似的路径。同样地，人类语言的形成，比起神经组织的特性，更多的是具体环境影响的结果。这确实使语言成了“种族智慧”的宝库。

另有一种观点支持基因决定论，用史蒂芬·平克的话来说就是固有的“语言本能”，他认为凭借“语言本能”，儿童可以迅速容易地习得语言。儿童能以惊人的速度学习语法包含的复杂规则系统而无须将之“植入”大脑，乍一看这似乎难以置信。但复杂性领域近来的研究，尤其是史蒂芬·沃尔弗拉姆（Stephen Wolfram）关于“元胞自动机”的研究表明，复杂机制可能源自速度惊人的简单规则，它通过速度来对抗我们的常识性直觉。而且，儿童也能以惊人的速度习得其他各种技能，这种速度成年人无法比肩。大家都知道，早期的培养对成为一个很好的音乐家、舞蹈家或运动员非常必要。举个更常见的例子，50 岁学驾驶的人肯定不可能像十几岁学驾驶的人那样快速掌握驾驶技巧。年轻时快速习得的技能在成年后会被部分遗忘，这并非语言所独有。它是一种普遍现象，可能反映了“修剪”的时间进程——本书之前讨论的一种现象。这是否意味着每一种技能都是由基因遗传所决定的固有“本能”呢？我不这么认为。

我怀疑“语言本能”这一概念是人类狭义地看待大脑，认为语言孤立于其他大多数认知功能的结果，包括它在大脑里的映射、它的发展以及脑损伤给它带来的退化。还有一种更加节制、更加可信的想法，即认为一旦大脑里的神经回路复杂到一定程度，语言就可能自然产生。根据这一假说，语言不依赖任何特定、专用的回路，而是大脑里非常复杂但用途相对一般的神经网络的产物。

支撑该假说的是现代的语言机能神经解剖学知识，包括损伤学和功能神经影像学研究都得出了惊人的一致结果。现在我们知道，与之前的一些假设相反，语言并没有老实待在大脑里某个“语言专用”的特殊部位。实际上，语言涉及的神经遍及新皮质，它们与不同的皮质区相连，每一种都负责表现现实世界的某些方面：表现动作词的皮质位于主管运动的运动皮质附近；表现物体词的皮质位于包含事物心理表征的视觉皮质附近；

表现关系词的皮质位于包含空间心理表征的躯体感觉皮质附近，等等。这恰恰是一幅自我组织的神经网络的分布图，而非基因决定的网络图。

我的意思是不是大脑的内部结构对语言本质以及可支配的其他符号系统毫无影响呢？这绝对是一个谬论，何况它还出自脑科学家之口！大脑当然会影响这些系统——产生巨大的、至关重要的影响，但这种影响是量上的而非质上的。系统受到限制的是复杂性而非具体内容。西蒙提出了一个同样令人叹服的见解，认为“物种集体知识储库”和个人知识储库的“智慧储库规模”大致相同。一个受过教育的人认识的自然语言字词数量（“物种集体智慧”储库）和大师记忆中的棋局模式数量（特殊领域里的个人智慧）大致相同：50 000 个左右。这个数字不应该从字面上理解，但它可能是对特定领域里涉及模式形成、内化和存储的某些重要能力的一种有趣的估计。

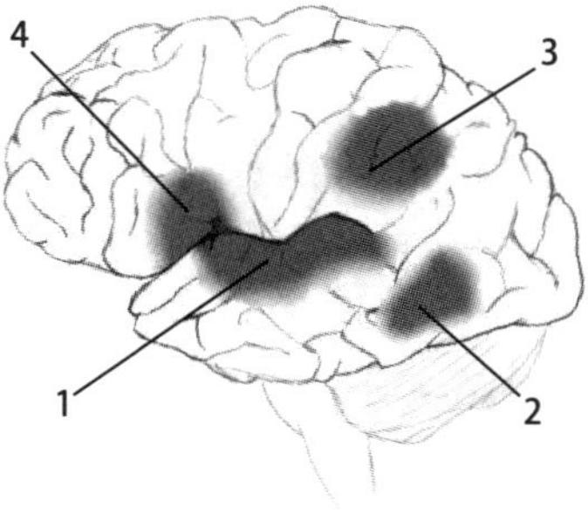

图 6　大脑的语言区域

（1）语音识别；（2）表现物体词的皮质；（3）表现关系词的皮质；（4）表现动作词的皮质。

因此，“智慧的等级”确实存在，不同类型的智慧反映了不同时间尺度上的经验：数百万年的“门属智慧”、数千年的文明以及我们数十年的生活。它们每一个都有自己的传播模式。

不同门属的智慧（或亚门、“类”）

以大脑里的一套流程为表达形式（在很大程度上通过基因记录和传播），由特定的刺激或情境自动触发。这类智慧凝聚了哺乳动物数百万年进化的经验，表现为人类对特定刺激的基本情感反应以及基本的认知特性。

物种智慧

以文化编码，通过代代相传使我们能够在这个世界“适者生存”。这类智慧凝聚了人类数千年的经验，表现为语言以及我们使用的其他符号系统。

群体智慧

这类知识是相同背景下某一群体（比如从事相同职业的人群）拥有的技术和才能的总和，使他们能够以相对轻松的方式完成对多数人来说很艰难的复杂任务。

个体智慧

这是本书的主题，我们走在探索它的道路上。但首先，我们需要了解更多模式识别的文化介质，其中最重要的就是语言。

一般来说，你的语言等同于你的智力，这在很大程度上可能是正确的，但反过来同样正确：你的智力等同于你的语言。正如我们刚刚了解的，语言不仅是一种沟通工具，更是一个内容丰富的知识库，让你得以模式化世界。

苏联的“离经叛道者”

伟大的俄裔犹太人心理学家利维·维果斯基（Lev Semyonovich Vygotsky）率先发现文化在形成个人认知中的重要性，尤其是语言。他博学多才、特立独行，具有独一无二的多重性格。他的朋友亚历山大·罗曼诺维奇·卢里亚是他狂热的门徒和战友。20 世纪 20 年代，当时他们非常年轻（维果斯基二十七八岁，卢里亚二十四五岁），两人开始一起构建一种研究心理学的独特方法，他们称之为“文化历史理论”。该理论的主要思想建立在一个听起来费解但很深刻的前提下，即个体发育的认知操作在很大程度上是通过“内化”各种外在文化介质进行的。基于这种“文化历史理论”，维果斯基和卢里亚开始研究一般的文化和特殊的语言如何塑造个体认知。

“文化历史理论”首次出现在一篇名为《工具和符号》（“The Tool and the Symbol”）的论文里，类似一个知识告示。论文是维果斯基和卢里亚在 20 世纪 20 年代晚期合写的，并未公开发表，因为违反了苏联越来越具压迫性的主流教条。原始的俄语文本已经丢失，只留下了英文翻译版本，这是他们为美国的一场会议准备的，但实际上从未发表过。40年后，也就是20世纪60年代后期，政治氛围“解冻”，他们早期的观念被证明没有过失。正是那时，卢里亚沮丧地发现俄文手稿丢失了。他是一个实干家，不惧怕任何挑战的阻碍，他告诉我说，他把英语版本的《工具和符号》重新“翻回”俄语，并且让它看起来就和原始文本一样。怀着敬畏和好玩的心情，我也这么做了，结果我们善意的伪造被当真了。如今，它被收入维果斯基作品集的第一卷，但卷中没有对事实做出解释。

维果斯基和卢里亚的“文化历史”心理学方法受到越来越多的抨击，同时受到抨击的还有他们对中亚部落的跨文化研究。卢里亚去原住民部落，也就是现在的乌兹别克斯坦进行实验，这成了“最后一根稻草”。研究结果很吸引人。乌兹别克斯坦的部落成员无法复制现代西方社会常见的视错觉实验。这表明，即使是最基本的知觉，在一定程度上也受环境和文化的影响。卢里亚兴高采烈地给留在莫斯科的维果斯基发了一封电报，上面写着决定命运的七个字“当地人没有错觉”（“Natives have no illusions”，illusion 有错觉、幻想之意），后面是一排感叹号。由于历史原因，当时的电报会受到拦截和审查。在一个基于幻想建立的社会里，“没有错觉”很容易被理解成危险的政治亵渎“没有幻想”。卢里亚突然发现自己处于水深火热之中，当局对他极尽谴责，还称他是“俄罗斯沙文主义者”。考虑到卢里亚的犹太人背景和苏联历史上的俄罗斯沙文主义特质，这一指控虚假得离谱。该事件使卢里亚结束了跨文化研究，只能在

40 年后，也就是 20 世纪 60 年代至 70 年代苏联短暂的政治解冻期发表了关于乌兹别克斯坦原始部落的研究成果。

与此同时，维果斯基和卢里亚发现当局的批判越来越猛烈，他们随时可能会被逮捕甚至流放到劳改营。20 世纪 30 年代，情况变得愈加糟糕。对科学家来说，如果政治上不顺从，轻则遭到公开谴责，重则可能受到谋杀的威胁。

维果斯基命运悲惨，充满戏剧性。他于 1934 年去世，时年 37 岁，他的思想在苏联被压制数十年，直到很多年之后才得以重见天日。他的遗孀告诉我，在他去世数年后，她确信他早早死于肺结核是一件幸事，因为这让他免于落到一个相比之下悲惨得多的下场。要是再多活一两年，他很可能会死于古拉格集中营的暴力之下。如今，维果斯基被视为 20 世纪心理学和认知科学最具影响力的人物之一。

相反，亚历山大・罗曼诺维奇・卢里亚活了很长时间，后来成为世界最著名的神经心理学家之一。他成功躲过了苏联的政治雷区，在有生之年得到了全球科学界的一致赞誉和认可。他也成了我的导师和朋友。

要是生活在一个更温和的环境里，卢里亚可能永远不会成为一名神经科学家。在职业生涯的初期，对卢里亚来说，大脑是相对外围的课题，而他第一次研究脑损伤是为了证明：失语症患者由于无法从语言中受益，其解决问题的能力会退化到黑猩猩的水平。这个观点后来被卢里亚本人斥为幼稚和错误。无疑，这样的事实际上并未发生。

卢里亚的早年兴趣和作品集中于文化和智力之间的关系，即社会共享的知识如何变成个体知识。卢里亚早年主要从事发展性和跨文化性研究，他希望为此奉献一生。但事情并非如此。随着 20 世纪 20 年代末、30 年代初苏联的改变，革命前几年的繁荣让位于露骨的国家暴政，当局越来越多地使用教条主义来监管科学的方方面面。这造成了各种结果，包括把基因学和控制论斥责为“资产阶级的伪科学”，以及同时在生物学和农学领域推广无知的新拉马克主义。

在这种情况下，卢里亚的事业走上了一个截然不同的方向。正是此时，已经是莫斯科大学心理学教授的卢里亚去了医学院，随后和布尔登科神经外科研究所结下了不解之缘。这种缘分持续了将近 40 年，为卢里亚在神经心理学上的开创性研究奠定了基础。我一直怀疑，卢里亚退守神经心理学是因为和心理学的其他领域相比，它的意识形态色彩没那么强烈，因而相对来说能免受政治审查。

“二战”是苏联的巨大悲剧，但也是这个国家相对荣耀的唯一时刻。他们集体努力击退纳粹入侵的这段时期，是苏联政权历史上，国家利益和人民利益没有产生对立的唯一时期。对照战前和战后发生在苏联的一系列异常悲惨的失败，这是唯一的胜利。对卢里亚来说，战争既是把他的余生和神经心理学绑在一起的原因，也是机会。他负责主持为受伤士兵开发神经康复方法的工作。身处这一职位，他每天接触的全是枪炮导致的贯穿性创伤，这成为他后来系统性研究大脑和心智关系的基础。该研究最后集结成两本书：《创伤性失语症》（*Traumatic Aphasia*）和《高级皮质功能》（*Higher Cortical Functions*），确立了他的世界杰出神经心理学家的地位。

今天，我们感慨于坎坷的经历把卢里亚领上了神经心理学之路。如果没有他，神经心理学不会取得今天这样的成绩，很可能根本不会。卢里亚几乎比任何人都更早地预见到，神经心理学事实上体现了心理学和脑科学的融合，也就是我们过去一二十年所说的“认知神经学”。在卢里亚时代，这两门学科之间几乎没有产生交叉。即使是 20 世纪 70、80 年代，在卢里亚做出开创性贡献之后的一代人，对他们来说，理论心理学仍旧由对大脑一无所知且以这种无知为荣的人把控。迷恋于虚无的概念，可能就会以孤立的方式研究认知，无法解决如何在大脑里“实现”认知的问题。

神经科学家则高高在上地轻视心理学，认为复杂行为太过含糊，不值得进行严谨的科学研究。按照这一观点，你只有是一只蜗牛或者更低等的动物，才有资格成为严谨的科学研究的对象。回想 20 世纪 80 年代中期，当“主流”神经学家使用新造的“认知神经学”这一术语时，他们脸上蔑视的表情表明，他们认为该术语只是一种自我矛盾的说法。卢里亚的能力超前于同时代的人，他一视同仁地思考大脑和认知，并将它们融为一个整体。他确实是一个有远见的人。他的《高级皮质功能》可以说是认知神经学的第一本专著（尽管此后很久该术语才诞生），开创了一门学科。[①]

今天，维果斯基和卢里亚的理论遗产无处不在，东西方学界都予以认同，它经过扩充和转化，已经不再只是苏联的知识遗产，更是世界遗产。苏联也不再是发扬光大该遗产的沃土。我们有理由认为，今天的北美和西方各国才是维果斯基和卢里亚精神最具革新性的延续之地。就此而言，这些遗产和苏联传入这些地区的另一样伟大事物具有相同的命运——斯坦尼弗拉斯基表演学校，它为美国的李·斯特拉斯伯格（Lee Strasberg）的“方法派表演”奠定了坚实基础。

开放

在更深远的意义上，维果斯基和卢里亚所提出的文化塑造

① 通常无人提及或承认西格蒙德·弗洛伊德和亚历山大·罗曼诺维奇·卢里亚之间的连续性。卢里亚年轻时很钦佩弗洛伊德，和他通过信。后来在苏联高压统治的那些日子里，尽管官方对精神分析学极尽嘲笑和谴责，卢里亚私下谈及弗洛伊德时仍心怀尊重和兴趣。弗洛伊德早期的爱好是研究大脑，他对该领域的贡献在今天被称为“行为神经学”。现在神经学和神经心理学里广泛使用的一些术语就是弗洛伊德首创的（比如“失认症”）。弗洛伊德是大脑和精神相统一的最早支持者之一。但他认为当时的科学还没有准备好探索“最后的荒野”，还没有准备好解开大脑的谜团。因此，他专注于精神研究，从而创立了精神分析学。

20世纪末，科学环境和一般知识环境已经成熟，神经科学和认知科学最终融为一体。你可以把弗洛伊德和卢里亚看成是融合曲线上的两个点。卢里亚能成功促使这种融合的形成，在很大程度上应该归功于他对大脑和文化如何相互作用的敏锐理解，以及对“文化历史心理学”的思考。

心智的观点，为我们理解心智的生物学机制指出了一个非常重要的方向：有些类型的模式识别是大脑固有的，有些则不是。这意味着大脑必须要有一定的容量，事实上是巨大的容量，来存储之前不知道其性质的、从个人经验或文化中习得的各种信息和规则。这是怎么做到的呢？

进化聪明地用“少即是多”原则解决了这个问题。“老”的皮质下结构预先装入代表“门属智慧”的固有信息，直接参与感官输入处理的皮质区：视觉、听觉、触觉都是如此。运动皮质在很大程度上也是“预连接”。

但在更复杂的皮质区，即联合皮质中，预先装入的知识相对较少。相反，它有很大的空间处理各种信息，以一种开放的方式应对环境投向生物体的曲线球。皮质区越发达，进化时间越短，“预装软件”就越少。同时，复杂而不可预知的外部世界对生存提出的要求越高，它们打造自身“软件”的能力就越强，处理信息也就越熟练。这种“软件”打造能力表现为吸引子的日益复杂化，转而通过赋予这些新脑区开放式的容量——用以处理错综复杂的事物——来实现。

与这种先天预装的处理器不同，如视觉皮质的特定角度的神经元，这些最发达皮质区的模式识别性能被称为“突然出现的”，因为它确实是突然出现在大脑里，既复杂又非常“开放”。

这就得出了一个相当深刻的结论：大脑进化遵循一个大主题，即逐渐从“硬接线”转变为“开放开明”。因此，最发达的多模态联合皮质的功能组织并非每一个具备自身功能的小区域的集合。用神经科学的术语来说，它不是“模块化”的，相反，它是高度交互式和分布式的。多模态联合皮质伴随着自然发生的连续分布即“梯度”进行发育，控制它的是脑组织和神经网络组织，而不是某些由基因决定的先天的特定内容。从神经解剖学角度看，联合皮质中相近的认知功能体现在相近的皮质区。认知度量与大脑度量的一致性恰恰体现了自组织大脑的“突现属性”。我把这种新皮质组织的突现原理称作“梯度原理”。相比之下，通过基因编码获得这种认知度量和大脑度量之间的一致性会造成基因信息不必要的巨大浪费。幸运的是，进化拒绝了这种浪费的方式。相反，进化在大脑里留出了一块思想的白板，以精妙的神经性能为动力，让其能处理各种复杂情况并装满内容。

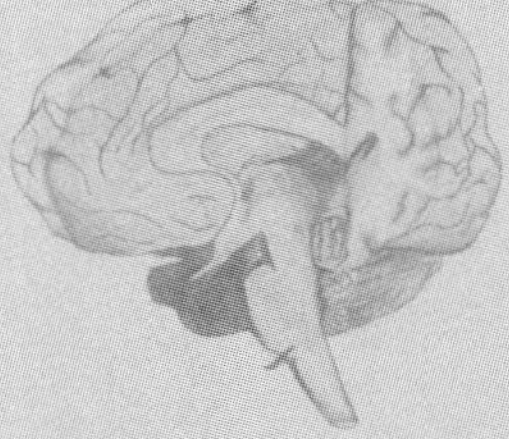

探索记忆机制

第6章

记忆带来的挑战

虽然我们的大脑拥有如此强大而兼容的能力，但如何从个人经验和文化中获得复杂的心智技能呢？我们提到的“突现属性”包括智慧、能力和专门知识，它们的大脑机制是什么？

我们会慢慢深入了解智慧的本质。为了探索未知领域——智慧相关的神经生物学正处于这一领域，我们必须首先将其和某种更普及、更容易理解的事物联系起来：记忆。

智慧与记忆中的“一般记忆”有着千丝万缕的联系，这是本书的核心观点之一。在继续研究智慧之前，我们需要弄清楚这种特殊的记忆如何发挥作用以及与其他类型的记忆有何不同。我们会看到，一般记忆和模式之间，以及它们在大脑中的形成过程之间存在着密切的直接关系。

所有的记忆或大部分记忆，都是在大脑最年轻和最复杂的新皮质里形成和存储的。此外，有些记忆需要各种皮质下结构（或者按老学究的说法，叫“非新皮质”）的支援，有些记忆则不需要。那些需要额外支援的记忆非常容易衰退，也非常容易受神经系统疾病的影响。相反，那些只依靠新皮质的记忆相对来说不容易衰退，并且能更长时间地抵挡神经系统疾病甚至是痴呆症的影响。后一种记忆大多数是一般记忆。但什么是一般记忆？为此，我们需要了解一些关于记忆和遗忘的基本事实。

23 年前的今天，你晚饭吃了什么？别担心，我只是想表明：这么多年后指望一个人能记住如此琐碎的小事是极其荒谬的，除非你受邀去白宫参加了国宴。但如果我在事后第二天问你这个问题，你会毫不犹豫地给出确切答案，无论是不是国宴。它曾经是你的记忆，但现在不是了，它消失了，被忘记了。关于琐碎小事的记忆在事后迅速减退，并且这种减退是“陡崖式的”。幸好是这样，因为要是你的大脑里永远塞满各种记忆，它就会成为埋在熔岩和火山灰里的庞贝城。大量的无用信息——信息噪声、信息垃圾——淹没了少许的有用信息。

有些人拥有能记住一切且不会忘记的神秘能力，但这种情况非常少见。它远远称不上是天赋才能，因为事实几乎毫无例外地证明它是一种令人麻痹和失能的诅咒。亚历山大·罗曼诺维奇·卢里亚记述过一个地方报纸记者的案例。他能记住所有的事情，无论多么偶然和无关紧要。他描写了那种让人无法忍受且于己不利的状况——时刻淹没在无数交叠的记忆和图像里。我们大多数人不会遭遇这种命运，因为长期记忆选择性很强，而多数短暂形成的记忆并不在选择之列。

因此，总体而言，如果仅限于无关紧要的信息，遗忘作为一种正常现象是一件好事。但遗忘可能会因为各种形式的脑损伤而变得反常，这就是“健忘症”。我们稍后会发现，健忘症有多种形式，严重程度也各不相同，包括从相对较轻的“短暂失忆”到全局性的灾难——病人连 10 分钟前发生的事都完全不记得了。

引起健忘症的脑疾病很多，比如车祸或工作时造成的脑外伤、大脑供氧中断、病毒细菌脑寄生虫感染、脑血管疾病、由慢性酗酒和营养缺乏导致的科萨科夫综合征以及严重发作的癫痫病，等等。这些疾病的共同点是：它们可能会妨碍大脑形成记忆、存储记忆和在需要时访问记忆的能力。我们稍后会继续讨论健忘症，但现在让我们先关注正常记忆的形成方式。

当我们说某些知识已经成为长期记忆的一部分时，我们指的是什么？新记忆开始形成的时刻就是你遇到正在学习的事物的时刻：一张新面孔、一个新信息，或一个新声音。主管感官的大脑部位接收新信息，随后一些高阶脑系统负责对信息进行分析和处理，并将其与先前获得的知识关联在一起。这项活动会改变进程中的神经机制，由此在神经网络中产生的涉及接收和处理新信息的变化就是记忆。记忆开始形成了。新的蛋白质正在合成，新的突触正在发育，周围的其他突触也在加强。这就是新记忆形成的本质。[①]

我们从中学到的第一课，就是记忆形成于相同的脑组织，牵涉相同的神经网络，这些神经网络从一开始就参与了信息的处理。过去，很多科学家认为大脑里存在独立的“记忆仓库”，它不同于最初参与信息处理的脑区。现在，我们知道大脑里没

① 我们知道，神经元并不是大脑里的唯一细胞，另外还有神经胶质细胞。人们直到前不久还认为，这些缺少突触的细胞和信息处理几乎没有关系。胶质细胞的作用仅限于为神经元提供支持和营养。但现在，人们越来越清楚地看到，其中一些胶质细胞，尤其是星形胶质细胞，能通过调节神经元的作用直接参与到神经运算中。

有这样的独立“记忆仓库”，也没有将信息从 A 点运到 B 点的神经“记忆列车”。取而代之的，是新记忆在皮质里开始它们的“神经生活”，而且在其“寿命”期内会一直待在那里。

换句话说，对某件事物的认知和记忆发生在相同的皮质区。事实上，它们共享相同的神经网络。斯蒂芬·柯斯林（Stephen Kosslyn）雅正不俗地证明了这一点。他用一种叫作 PET（正电子发射型计算机断层显像）的高科技研究工具来识别与心理意象有关的脑区。当实验对象被要求想象各种熟悉事物的图像时，相关脑区就会发亮。结果证明，想象和看见实物，实验对象被激活的都是相同的脑区。

同样，多年来人们流行谈论“短期记忆系统”和“长期记忆系统”，仿佛它们属于大脑的不同部位。这种错误观念仍旧存在于远离现代神经科学的专业领域和圈子里。事实上，它们是涉及相同脑组织的同一个过程的两个阶段，而不是涉及不同脑组织的两个独立过程。

大多数对大脑进行研究的项目都是不切实际且与通行理念相悖的。例如，我们的脑干包含许多负责脑唤醒和脑激活的胞核。它们紧紧地挤在大脑的一个小区域里，脆弱得不堪一击，损坏该区域实际上等于摧毁了大部分胞核，会导致一种灾难性的唤醒障碍。昏迷就是由于大脑的战略性区域——脑干——受到损伤所致。如此缺乏冗余和安全备份特性的“设计”在任何工程或设计学校都不会及格。将来要是在进化智慧的指引下发展出更“合理”的设计多好：负责唤醒和激活的关键胞核分布更广，同时拥有充足的备份和冗余，这样它们就不会终结于一个神经“篮子”里。

相比之下，记忆机制的核心特征，即记忆存储在最初接收信息的神经网络里，会让“简约”的设计爱好者和“自然智慧”的忠实信仰者高兴不已。随着大脑神经网络不断变得强健，信息也牢牢扎根于长期记忆中。而这种改变既是生物学上的，也是结构上的，突触的连接将会改变，新的受体将会形成。这样创建的记忆会很牢固，并相对不易受到脑伤害的影响，无论是脑外伤、脑病毒感染，还是痴呆。

没那么快记住！

大脑里这些形成记忆的改变不会同时发生，它们需要时间，通常需要很长时间。它们前进得非常缓慢，而且需要很多帮助。记忆在变成长期记忆的过程中，必须要有某些其他脑组织的帮助，后者的作用是持续激活新皮质中的关键神经网络。即使在刺激消失很久之后，新皮质内仍会缓慢进行生物学上和结构上的改变。这种不间断的再激活过程也叫“再进入”，本质上和电有关，涉及脑内的生物电活动回路。这些回路可以在不同尺度上展开，也可以分成几类，但它们通常协同合作。其中一些回路分布广泛，涉及若干较远的脑区，这些过程被称为“反射”或“循环再入”。唐纳德·赫布率先提出，这样的回路在记忆中发挥了作用。他曾预见多种神经运算机制。

其他回路是局部性的，只在突触发生改变的地方传导。由这种局部循环介导的过程被称为“长时程增强效应”，或者简称为“LTP”。这些过程一直是最近几年的研究重点。研究人员已经发现有两种化学物质在LTP中发挥着关键作用：一种叫作谷氨酸盐的兴奋性神经递质（负责沟通神经元的化学物质）及其受体，还有一种叫作天冬氨酸的分子。

因此，记忆形成的过程涉及大脑内部生物电变化、生物化学变化以及结构变化之间的相互作用。为了更好地理解这种相互作用，假想你正顺街而行并在广告牌上看到一个有用的电话号码。你想把号码记下来，但街上太吵了，你既没有笔也没有纸。所以你在回家的路上不断默念号码，以此保持记忆的活跃度，尽管事实上广告牌早就从你的视野中消失了。你努力在眼不见的时候确保脑不忘，然而这一过程布满障碍，你想要保持活力的心理表征非常脆弱。街上的噪声、让人分心的事、转瞬即逝的想法，都可能干扰你默念电话号码，于是记忆就会消失。但运气好的话，你可以默念着号码回到家，然后把它记在笔记本上，直到这时记忆才终于安全了。

你顺街而行默诵号码的时候，大脑内的生物电反射回路保持着记忆的鲜活：它们确保在现实中早就消失的信息来源仍能存在于脑海中。这种反射回路非常脆弱、不稳定，容易被大脑的生理学过程破坏。从神经学角度来说，这差不多是难关重重。

相比之下，一旦你写下电话号码，你就创建了一种更为稳定和牢固的结构性记录。它的抗衰退能力要比我们刚才提及的脆弱回路高上几个数量级。结构性记忆痕迹可能仍旧会消失，笔记本可能会丢失或者被火烧毁，但这种可能性相对较低。大脑内通过结构改变形成的记忆就像写下来的电话号码。这种记忆更为牢固，更不容易受到中枢神经系统疾病以及脑损伤的影响。

反射回路的传导依赖新皮质外的诸多脑组织，它们包括海马体及其周围组织，还有脑干。脑干为反射回路的持续进行提供必要的一般唤醒。海马体的作用要更复杂一些，但至今研究人员还不太清楚。目前，我们假定他们确认存储记忆痕迹的不同皮质区会被同时激活。

你可能会嫌烦，但我还是要重复一遍之前的观点，因为它非常重要：存储记忆的不是这些组织，而是新皮质。但海马体和其他组织对长期记忆的形成极其重要，因为反射回路必须保持活跃。

这些区域，特别是海马体及其周围组织，格外容易受到痴呆症的影响，而且人们早就注意到这些区域的损伤很可能造成记忆障碍。这正是人们相信海马体是记忆所在区域的原因，但得出该结论的逻辑是有问题的。按照这一逻辑，电池可以被看作电脑存储信息的地方。但我们知道事实并非如此，硬盘才是存储信息的地方。然而，如果电池没电，你就没办法让硬盘存储新信息。

一旦记忆牢牢植根于长期记忆，海马体的维持作用就会迅速减弱。这可能是因为记忆痕迹存储区域之间的皮质通路建立得十分牢固，不再需要外在的联结机制。但对新记忆来说，将信息变成长期记忆的过程困难重重，存在一点神经障碍，因此进展极度缓慢。这些过程究竟慢到什么地步，我们也是直到近几年才弄明白。

基于动物研究的早期假设认为，长期记忆的形成只需要几小时或几天的时间。得出该观点的实验似乎非常简单。研究人员通常是通过迷宫教一只老鼠掌握某种技能。当老鼠充分掌握技能以后，研究人员电击老鼠的头部。该实验的假设是，电击过程会破坏记忆形成所必需的反射电子回路，从而干扰依赖回路的记忆过程。相比之下，长期记忆已经成为结构性存储的一部分，不再依赖反射电子回路，也就不会受到电击的破坏。按照这一想法，研究人员巧妙地控制技能学习和电击之间的延时，试图确定起到破坏作用的电击和不起作用的电击之间的时滞。实验证明，老鼠身上的这一关键时滞是几小时到几天。

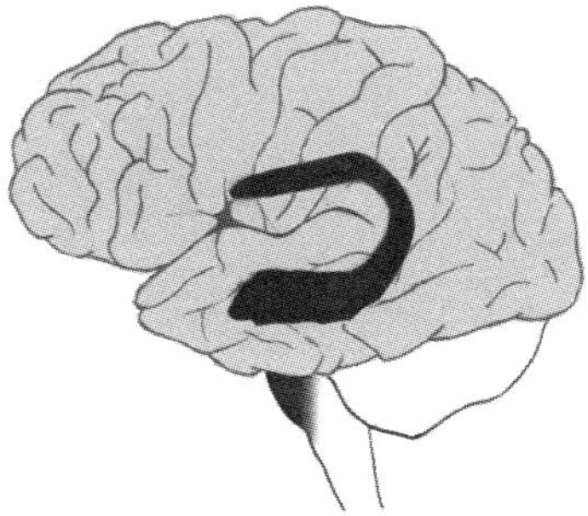

图 7　负责记忆的脑区

存储记忆的新皮质区（浅色阴影）。协助记忆形成和回想的脑组织——海马体和脑干（深色阴影）。

尽管遗传学家喜欢说“苍蝇就是苍蝇，而老鼠等于人”，可老鼠不等于人类。没错，所有哺乳动物的生物学构造都非常相似，但并不完全相同。这一“老鼠等于人”的理想假设使得研究人员对人类形成记忆的时间进程提出了大量不准确的评估。

“永久性记忆”研究较早地触及人类记忆形成的真实时间进程。这个术语是由心理学家 H. P. 巴瑞克（H.P.Bahrick）提出的，他发现，初始学习之后记忆迅速衰退，但随后会进入一段衰退相对较慢的时期。那些在学习三年后仍被保留的记忆几乎不会受到消损。它们进入了“永久性记忆”，这可能归因于结构性记忆痕迹的形成。由此可见，人类形成这种记忆痕迹的时间范围是以年为单位，不是天，更不是小时。

有趣的是，“永久性记忆”并不会平均分布于整个生命周期。这种记忆的分布具有“上涨”的特征，相应的时间范围在 10 岁至 30 岁，这段时期可能是人一生中知识量最丰富的时期。从广义上说，这些知识充当了人类终身模式识别能力的基础。

但要想完全达地知根，需要研究脑损伤对人类记忆的影响，弄清哪类记忆会丧失，哪类记忆能够幸免，以及哪类记忆会最先丧失然后再失而复得。事实证明，一种叫作“逆行性遗忘”的奇特现象尤其适用于阐明人类形成长期记忆的时间进程。

关于遗忘的思考

记忆障碍，即所谓的术语“遗忘”，始终占据神经心理学的研究核心。这毫不奇怪，像记忆这样复杂的过程可以被分解成许多不同的方面。记忆障碍几乎都是局部性的，因而引发了各种不同形式的遗忘。

区分“顺行性遗忘”和“逆行性遗忘”是神经心理学的主要课题之一。顺行性遗忘指的是在脑损伤后不能接收新信息；

逆行性遗忘指的是不能想起脑损伤之前获得的信息。某人去年在车祸中脑部受伤，并且现在无法记住昨天读过什么报纸，那他可能患上了顺行性遗忘。如果他记不住在车祸前雇佣他五年的公司的名称，那他可能患上了逆行性遗忘。因为脑损伤而同时患上这两种遗忘的情况也不少见，此时这个可怜的人既不能记住最近学到的东西，也无法想起事故前获得的信息。①

顺行性遗忘和逆行性遗忘的区分取决于我们对脑损伤发生时间的准确把握，但这并不容易弄清楚。假如一个健康的人在车祸中颅脑受伤，我们通常很容易把握确切时间。但对于痴呆症患者来说这是不可能的，因为痴呆症的病情是逐年在恶化的。等到病人被确诊为痴呆症的时候，他已经病了很长一段时间，经常是按年算，而不是按月算。

除去这些诊断上的困难，顺行性遗忘和逆行性遗忘之间的区分多年来一直对神经心理学家和神经学家非常有用。这两种遗忘经常同时出现，但出于某些特殊但并不合理的原因，人们总是更关注顺行性遗忘，认为它比逆行性遗忘更普遍、更严重。

我自身的临床经验与人们广泛持有的这种观点并不相符。

① 临床上，术语“逆行性遗忘”经常会被“远程记忆丧失”代替，这是一种草率的行为。事实上，它们完全不同。“远程记忆”的参照点是当前时刻。相比之下，“逆行性遗忘”的参照点是脑损伤发生的时刻。假如某人 10 年前在车祸中脑部受伤，那么他对 9 年前发生的事情的糟糕记忆力可依常识被判断为“远程记忆障碍”，但它并非逆行性遗忘。它反映的是 9 年前已经出现的顺行性遗忘（不能接收新信息）。相比之下，如果某人昨天下午头部受伤，并且对昨天上午发生的事情毫无印象，这才是真正的逆行性遗忘，虽然昨天上午并不是特别遥远。

我认为我们犯了一个逻辑性的错误，即误把证据缺乏当成了没有证据。（由于研究人员没有像关注顺行性遗忘那样关注逆行性遗忘，因此他们没找到证据。）就我自己的工作而言，我总是对逆行性遗忘格外感兴趣，认为它为研究大脑如何管理和存储知识打开了一扇独一无二的窗。

此外，逆行性遗忘还涉及长期记忆形成的时间进程。虽然脑损伤后过往记忆会遭到破坏，但并非所有的记忆都会遭到同等程度的破坏。毫无例外，相对较近的记忆比很久之前的记忆受到的破坏更大。这种现象被称为"逆行性遗忘的时间梯度"。

某个在车祸中头部受伤的人也许会丧失车祸前一两个月甚至一两年的记忆，但却可能记得一二十年前的事。痴呆症患者也是这样。人们由此认为一个人的记忆不可能完全一无是处，因为他还记得小学老师的名字，但这真的证明不了什么。阿尔茨海默病患者会将这种遥远过去的记忆一直保存至病情晚期，但他们对近期事件的记忆却在相对较早的患病阶段就消失了。

时间梯度是反直觉的。很多年前，我在各行各业的朋友之中做了一次小调查，请他们大胆猜测脑疾病更可能影响哪类记忆：相对较近的记忆还是非常遥远的记忆。他们全凭直觉，但也不受脑科学和神经心理学专业知识的妨碍，结果全都猜了错误答案：近期记忆会首先遭殃。逆行性遗忘这一违背常识的性质可以充当重要的临床工具，用以判断是脑损伤引起的记忆丧失，还是由精神病引起的记忆丧失，抑或是简单地装病。

但时间梯度不仅能让我们挫败毫无戒心的公众，它还能告诉我们很多有关长期记忆如何形成的信息。事实上，只要记忆依赖于反射模式的激活，它们就很容易受到破坏，于是时间梯度的程度使我们得以估算长期记忆形成需要的时间。而且结果证明，逆行性遗忘可能会影响数年前甚至是数十年前的记忆。

例如，大家都知道切除海马体可能会引发远至 15 年前的逆行性遗忘。这意味着大脑需要这么久才能形成永久性、结构性以及相对不容易受到破坏的长期记忆。

这是一个逐渐巩固的过程，而不是瞬间就形成长期记忆。长期记忆形成过程的渐进性和时间梯度的另一个特征相互映衬——它的“收缩性”。正如我们所知，对一名刚刚在事故中受到脑损伤的病人来说，丧失数年前甚至数十年前的记忆并不罕见。但随着时间的流逝，一些记忆会恢复，而且记忆的恢复会遵循一个有序的时间进程。

记忆丧失的跨度会“收缩”。（其实这个随意且有点不雅的词语已经成了记忆研究普遍采用的术语，科学家还把“逆行性遗忘收缩”和“时间梯度收缩”作为研究主题。）和逆行性遗忘的很多其他特征一样，这种神秘的过程也与常识相悖。收缩与遗忘过程相反，远程记忆比近期记忆恢复得要早。但收缩通常是不完全的，而且最近的记忆不会恢复。永久性记忆的丧失程度因人而异，同时也取决于脑损伤的严重程度。这种永久性记忆丧失是真正的失忆，并且无法根治。再多的催眠或“吐真剂”也无法让记忆恢复，这种尝试只能反映神经心理学知识的匮乏。

“逆行性遗忘收缩”中有序平缓的记忆恢复过程告诉我们，长期记忆的形成具有渐进性。过程越长，记忆恢复越快。但在形成极早阶段就受到脑损伤影响的记忆太过薄弱，因而无法恢复。它们会永远丧失。

因此，时间是形成长期记忆的关键阻碍。它可能需要数年甚至数十年。既然现实世界里没有永恒运动，那么反射回路也很可能自我“熄灭”，而且它们多数如此。在结构性记忆痕迹有机会形成之前，大多数反射回路都“熄灭”了。自然似乎保护着永久性记忆，但它的保护门槛很高。哪类记忆在这种神经试炼的过程中能受到优待呢？我们将在下一章进行探讨。

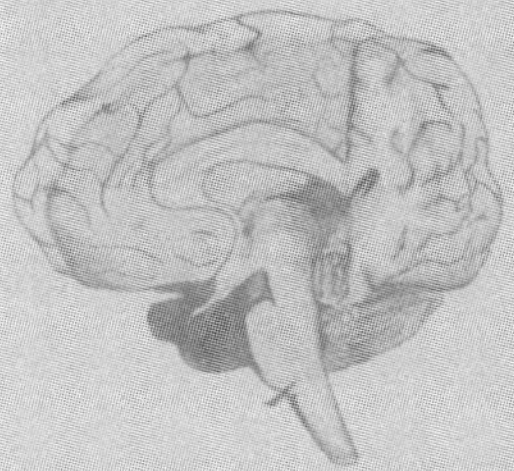

永不消逝的记忆

第7章

一般记忆与模式

本章我们将探讨一般记忆，或者说“模式记忆”。环境中每出现一次相同或相似的事物，或者说，以语言或其他方式每传达一次相同或相似的信息，都会给支撑记忆形成的反射回路注入新的活力，增加将记忆转变成长期记忆的机会。用我们的广告牌来类比，假设你在回家的路上默诵着一个几分钟前看到的有用的电话号码，如果你在路上再见到一块写着相同号码的广告牌，那么你到家时记住它的可能性就会大大增加。

这是一个有点达尔文主义的过程，因为不同的记忆需要相互竞争才能在有限的长期记忆系统里占据一席之地。频繁被使用的信息通常是赢家，而不常被使用的信息可能会被遗忘，被扔进记忆的垃圾箱。你会认为记忆能否进入长期系统应该由它们的重要性决定，但我们知道并没有小人坐在大脑里指挥神经运作。即使有，他也很难预测从长远来看哪条信息重要，哪条信息不重要，因为“重要性”主要是一个预期概念。由于特别相关的信息可能会被更加频繁地调用，而经常被需要的信息会被定义为重要信息，使用频率也就成了重要性的一个替代“统计”标签。

然而，重要性也可以更直接地对记忆的形成施加影响。如果按照先前的经验或基因决定理论来说，大脑会立即判定某些信息“非常重要”，随即一个叫作杏仁体的脑组织会变成记忆形成反射回路的一部分。这极大地促进和加快了牢固记忆的形成，使其在记忆竞争中遥遥领先。过去几十年，神经学家越来越清晰地看到包括大脑机制在内的很多生物进程的达尔文主义属性，这体现在杰拉尔德·埃德尔曼“神经达尔文主义”的著名理论中。记忆的形成似乎也不例外。

不同的经验会激活不同的神经元网络，但没有哪两个神经元网络是完全一样的。不过，经验越接近、越相似，神经网络之间的重叠部分就会越多。相似但不完全相同的感觉会唤起神经元网络中间的通用核心，对该核心的频繁激活是迅速进入长期记忆系统的最好机会。

对心理学家来说，这种快速学习相似但不相同情境的共有属性的倾向，反映了学习过程的一个著名的基本特征：过度概括现象。在早期学习阶段，人类和动物都倾向于将相似但不相同的情境理解为完全一样，他们对情境共性的学习要比对情境特性的学习快得多。

共享网络，即特定网络的重叠部分，不是一个事物或事件的单一心理表征，而是一类相似事物或事件的整体心理表征。我们刚刚追溯的是一般记忆的形成！这种一般记忆是模式记忆。模式越普通，重叠部分显现的经验集越大，模式记忆就越牢固，越不容易受脑损伤的影响。这意味着抽象表征通常比对应独特事物的具体表征更能抵挡大脑衰退的影响。

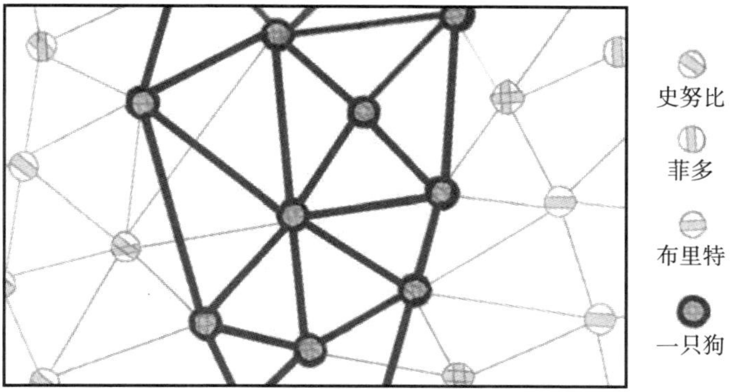

图 8　网络的重叠

特定网络——巧克力色拉布拉多犬史努比；黑色杜宾犬菲多；浅黄褐色牛头獒布里特。一般网络——一只狗。

典型的模式拥有一个非常有趣的特性。它不仅包含你已经遇到的事物的信息，而且包含你将来可能遇到的事物的信息。这是因为模式既记录了一类事物或事件的共有属性，也记录了其中每一个成员的特性——番茄、椅子、暴风雪、政治危机、某一类微分方程、股市崩盘。因此，模式会帮助你处理将来可能遇到的个例，方法是立刻告知你这一类事物或事件的所有基本属性。“一般记忆或模式”的概念适用于任何一种实体的共有属性，无论它们是实物、社会事件，还是口头表达。

现在我们弄懂了为什么在所有的记忆中，一般记忆或模式最稳定、最不容易受脑神经疾病影响的原因。若是仔细研究逆行性遗忘的影响，你就会特别清楚地看到这一点。如果逆行性遗忘对不同记忆的影响不同，那么由于使用频率的可变性和联想的丰富性，你可以假设这些记忆的牢固程度也各不相同。长期以来，逆行性遗忘影响哪些记忆、放过哪些记忆，一直是神经心理学家和神经学家探究和争论的主题。这种探究过程得出了一些最重要的认知神经科学观点。

第一个观点涉及程序性记忆和陈述性记忆之间的区分。最先提出这种区分的是拉里·斯奎尔（Larry Squire）和他的同事，强调“怎么样”和“是什么”之间的不同。程序性记忆是关于技能的记忆，骑自行车、打网球以及知道如何打领带都属于程序性记忆。相比之下，陈述性记忆是关于信息的记忆。“一周七天”、“巴黎是法国的首都”或者“1945 年‘二战’结束”等知识都属于陈述性记忆。和神经心理学里的很多区分一样，程序性记忆和陈述性记忆之间的区分并不是一刀切。例如，你如何划分下棋或移动棋子的知识？它是真正的知识，还是严格意义上的技能？撇去灰色地带不谈，这种区分对大脑研究具有重要的启发价值。通常来说也有例外，逆行性遗忘一般会影响陈述性记忆而放过程序性记忆。

由恩德尔·图尔文（Endel Tulving）首先提出的情景记忆和语义记忆的区分同样影响深远。我们将会看到，这种区分将陈述性记忆进一步划分成两种更加精确的类别。情景记忆同时存储记忆和产生记忆的环境，可能是重要事件或信息，也可能是最不起眼的小事。多数人在记住约翰·F. 肯尼迪在达拉斯被暗杀或者“9·11”背后的含义这类知识的同时，也会记住这些事件发生时个人所处的环境。简单来说，大多数经历过这些事件的人，都清楚地记得他们得知消息时在哪里以及在做什么。

同样的道理也适用于更为平凡的生活事件，比如你第一次买车或第一次参加求职面试，你不仅可能记住汽车的车型和未来雇主的名字，还会记住当时的实际场景。

相反，语义记忆的存储独立于产生记忆的环境。大部分人都知道“意大利的首都是罗马”，“爱因斯坦是伟大的科学家”，“一周有七天”，或者“金属物体不能浮于水面”，但他们不记得自己是在何时以及何种情况下掌握这些信息的。

和程序性 - 陈述性记忆的区分相同，语义 - 情景记忆的区分也有灰色地带。一个人的语义记忆可能成为另一个人的情景记忆，反之亦然。对本书的大多数读者来说，“9・11”事件是情景记忆，但对于在事件很久之后才出生以及从教科书或电影中了解它的人来说，它将是语义记忆中的一个条目。相反，对大部分人来说，浩瀚的水域下面可能会有危险的暗潮，这属于语义记忆知识，但对我来说，它在很大程度上却是情景记忆。这是因为有两次我差点淹死在地中海：两次都发生在很多年前，都是因为我的年轻鲁莽，也都曾使我濒临死亡，但我还是游上了岸，这样我才能来到这里讲述这个故事。

情景 - 语义记忆的区分对认知神经科学同样具有最深远的意义，已被用于界定逆行性遗忘的范围。人们普遍认为，逆行性遗忘会损害情景记忆，不会损害语义记忆。但事实证明，无论是程序性记忆和陈述性记忆的区分，还是情景记忆和语义记忆的区分，都无法真正决定脑疾病下不同记忆的最终命运。在生物学研究中，已经确立的理论和观点遇上它们无法解释的特殊临床案例并最终被推翻的情况并不罕见。很多年前，我和同事就碰到过这样一个案例，它改变了我们对逆行性遗忘的严重程度及其范围的理解。接下来我们将研究一名摔下马的骑手的记忆问题。

丧失记忆、恢复记忆、幸好没丢掉的记忆

史蒂夫（化名）是一起落马事故的受害者，严重的脑外伤使他失忆了，他当时在我工作的医院住院治疗。他同时表现出严重的顺行性遗忘和逆行性遗忘症状。我密切参与了治疗过程，同一天之内会无数次见到史蒂夫，但他对我毫无印象——不管是我的名字，还是我们 15 分钟到 30 分钟之前的会面。这是一种严重的顺行性遗忘迹象。

史蒂夫的逆行性遗忘同样严重。他当时 30 多岁，是一位非常成功的企业家，也是一位充满爱心的丈夫和父亲。但事故后的史蒂夫却什么都不记得了。他的记忆停留在 17 岁。他把父母的住址当成了自己的住处（他 17 岁时确实和父母住在一起）。他否认自己曾上过大学、结过婚以及有了孩子。他可以清楚地叙述直至 17 岁的所有生活，也可以磕磕巴巴地叙述随后两年的生活。但从 19 岁到 36 岁，他的记忆完全是一片空白。

如果用里克特级数来衡量遗忘，0 代表记忆清晰，10 代表完全失忆，史蒂夫的失忆程度至少达到 8。但类似严重程度的案例已经有过，因而我们期待史蒂夫会按照神经学教科书描述的过程康复：逆行性遗忘迅速大量地恢复，顺行性遗忘相对较慢、较少地恢复。根据常见的情况，史蒂夫会很快恢复过去的记忆，

但仍然不能在下午回想起上午从《纽约时报》读到的主要新闻。这应该是记忆恢复的完整路径。

但随着史蒂夫记忆的恢复，我们目睹了一幅完全不同的图景，起初感到难以置信，随后却沉迷其中。他学习新信息的能力稳步提高，因此顺行性遗忘只残留了一点非常细微的迹象。日复一日，周复一周，史蒂夫的记忆恢复到足以重新认知连续印象的程度。虽然在正式测试中仍存在新信息学习的轻微障碍，但对于大多数日常实践来说，他的记忆没有问题。

但史蒂夫对过去以及事故前生活的记忆并没有像预期的那样恢复。他仍然认为他生活在 17~19 岁，并对他之后的生活一无所知。他不记得他上过大学，也不记得他的成功企业家的事业生涯。他认识他的父母和哥哥，但不认识他的妻子、孩子和生意伙伴。而且，他的这些记忆甚至没有一丁点儿恢复的迹象。由于史蒂夫学习新信息的能力突飞猛进，他重新学习了很多与家人相关的生活信息。但是，他明确区分了自己真正记住的过去和被他人告知的过去。这种顺行性遗忘首先恢复而逆行性遗忘“拒绝让步”的恢复过程，从神经学的角度来看是不可能发生的，但它偏偏发生了，就此改变了我对记忆机制和记忆障碍的理解。

似乎这样还不够，史蒂夫的记忆障碍还带来了另一个谜题。他的逆行性遗忘不限于情景记忆，还包括语义记忆。这也和当时学界普遍持有的观点相矛盾，即逆行性遗忘仅会影响情景记忆。史蒂夫不记得他的大学生活，这是情景记忆丧失的一个表现。但他也不记得“马德里是西班牙的首都”，“牛顿是一名物理学家”，以及“莎士比亚是《李尔王》的作者”。这充分反映了语义记忆的丧失。

史蒂夫的语义记忆障碍相当严重。这不但表现得很清楚，而且从某种意义上对照来看，他的语义记忆比情景记忆受损更严重。史蒂夫 17 岁之前的情景记忆完整无缺。但考虑到他的情况，你可以想当然地认为他在 17 岁之前一定学过这些他现在完全不记得的信息。莎士比亚？牛顿？马德里？在受过高等专业教育的中产阶级家庭，例如史蒂夫家，孩子们一般在 10 岁或 12 岁就会学习这类知识，也可能还更早。

不过史蒂夫的语义记忆受损到何种程度呢？是全部受损还是部分受损？随着对史蒂夫语义记忆的研究，我们越来越清楚地看到它在某些方面得以幸免。他知道一年有多少周，分得清番茄的颜色；他能够准确地判断男性和女性的身高、体重。

我和当时的研究助理鲍勃（“奇普”）· 比尔德 [Bob（“Chip”）Bilder] 开始对史蒂夫的记忆进行更为系统的研究。我们很快发现，史蒂夫关于特定信息的知识严重受损，但关于一般信息的知识得以完整保留。他的记忆障碍是局部的但却是持久的，而且无法完全恢复。史蒂夫的案例告诉我们，语义记忆在脑损伤后也可能受损，但不会完全受损。这似乎是一般记忆和特定记忆的关键区别。关于特定信息的记忆会受损，关于一般信息的记忆不会。看来在所有的记忆当中，一般记忆永远不会消失。

有了史蒂夫异常（或者说看起来是）记忆障碍引发的新思考，我和之前的研究生比尔 · 巴尔（Bill Barr）开始对逆行性遗忘进行更广泛的研究。抛开陈旧的偏见，我们发现史蒂夫的逆行性遗忘在已知的各种影响记忆的神经疾病里，与其说是特例不如说是规则。事实证明，脑外伤、阿尔茨海默型痴呆和科萨科夫综合征会严重损害关于特定信息的语义记忆。但在同等情况下，关于一般信息的语义记忆相对来说不会受到损害。

永不消逝的一般记忆

我们越是研究不同类型的记忆障碍，越是发现区分一般记忆和特定记忆的重要性。记忆构成了我们的心智生活，但并非所有记忆都能力均等。有些记忆对大脑疾病（包括老化）的影响更具抵抗力。特定记忆（描述特定事物）和一般记忆（描述整类事物的共有属性）的区分非常重要，因为它决定了我们如何理解脑疾病和脑衰退下不同知识的命运。“巴黎是法国的首都”属于特定记忆。因为只有一个巴黎和一个法国，所以这个知识指的是一个特定的实体。相反，“番茄通常是红色的”属于一般记忆，因为世界上有数不清的番茄，而这个知识指的是它们全体。

通常，一般记忆比特定记忆的受访频率要高。普通美国人多长时间会调用一次“巴黎是法国的首都”这种知识？一个月之内屈指可数，有时是新闻里提到了巴黎，有时是你打算去度一生仅有一次的梦想假期。但当你每次穿行在超市的货架前或是把叉子插进每天的午餐沙拉时，你都会调用“番茄通常是红色的”这一知识。因此，一般记忆要比特定记忆牢固得多。由于使用频率很高，一般记忆能更快地变成长期记忆。结果，它们得以独立于在阿尔茨海默病和其他类型痴呆症里特别容易受损的皮质下组织（确切地说，是独立于非新皮质脑组织，因为海马体及其周围组织也是皮质的一部分，但它们不是新皮质）。

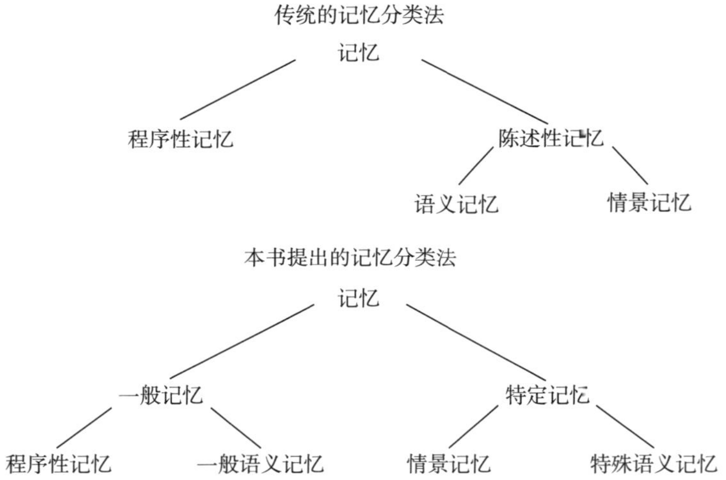

图 9　如何对知识进行分类

如果我们仔细想想心智生活的两个不会随着年龄增长而退步的基本特质——语言和高阶知觉，一般记忆相对不易受到损害的特性就会变得非常明显。尽管我们往往不会把这些能力当成“记忆”,但它们确实是。为了有效地使用语言,我们需要“记住”哪一个词指代哪一种事物，因为两者的联系在大多数情况下是任意的，且无法从逻辑上推导。将词语“椅子”指代桌子、“桌子”指代椅子的语言和我们使用的语言一样有效。词语的意义是我们的语言能力的基础，而关于词语意义的记忆无疑是一般记忆，因为任何给定的词语指代的都是一整类的相似物体。白色的装饰艺术桌子、黑色漆面的中式桌子以及你家附近咖啡馆里摇摇晃晃的破桌子，都属于同一个类别，而你在提到它们时用的是同一个词“桌子”。

同样，我们识别物体的能力也建立在记忆的基础上。难道你不惊叹于自己在遇到从未见过或听过的某样事物后立即就能知道它是什么的能力吗？你在街上看见一辆精心设计的老爷车，你知道它是一辆汽车，尽管你从没见过这样的车。你听见外面传来一个声音，你知道那是狗在叫，尽管你从没听过这样特殊的叫声。要拥有这种能力，你必须在大脑的某个地方存储抓住一类事物共同特征的一般记忆 。你必须具备一个先前形成的模式。然后，当你遇到一个包含足够多共同特征的物体时，一般记忆就会被唤起，这就是物体识别的机制。

因此，语言和高阶知觉都是基于一般记忆。某些脑疾病可能会彻底摧毁这些记忆，导致病人丧失使用词语和识别普通物体的能力。你也许还记得在心理学和医学术语中，这两种症状被称为“命名不能症”和“联想失认症”。中风、脑外伤、痴呆和其他一些脑疾病都可能会造成这种一般记忆的崩溃。但新皮质一定是语言和高阶知觉受损的直接原因。我们知道，单单是皮质下组织受损不会影响语言和高阶知觉，因为一般记忆并不依赖该组织。特别重要的一点是，语言和高阶知觉同样能抵抗正常老龄化的影响。其原因，至少是一部分原因，就在于它们独立于皮质下组织。[①]

随之而来的是一个很重要的问题：既然特定记忆由新皮质和皮质下组织共同决定，那么两者中有一者受损，或是连接两者的神经束受损，都会导致记忆衰退。从神经学角度来看，这等于面临双重危险。相比之下，一般记忆只依赖于新皮质。这意味着影响它们的脑损伤种类会更明确。虽然不能完全避免衰退（谁也不能），一般记忆在神经上的“阿喀琉斯之踵”更少，也就是神经易损点更少。[②]这就是一般记忆往往不会随着年龄增长而衰退，甚至在一定程度上能抵抗痴呆影响的原因。

特定思维任务经常用到的知识，会促使该任务加快形成一种强健长期的心理表征，而与之相关的一切（包括以前的成功方案）还有很长的路要走，这样我们才能最终理解为什么某种记忆能够抵抗大脑衰退的影响。不过，结构性新皮质表征的形

① 语言知识和感性知识在人类认知中占据着特殊的位置，甚至心理学家也不把它们称作“记忆”，尽管它们实际上都属于“一般记忆”。按照主流的术语惯例，“记忆”大多指的是我们这里所说的“特定记忆”。相反，大多数“一般记忆”（比如词语含义或者普通物体的意义）被排除在“记忆”之外。同样，“遗忘”（记忆丧失）通常不涉及词语含义的记忆丧失（病人认识普通物体但无法说出它的名称），取而代之的是“遗忘症”；“遗忘”也不涉及普通物体识别的记忆丧失（病人不能识别普通物体是什么），取而代之的是术语“失认症”。对于像我这样的临床医生来说，这种违背术语定义的常识可能会造成持久的困惑，因为我的病人完全不管复杂的术语知识，他们仍依据陈旧的常识描述他们的症状，当他们不断抱怨“记忆问题”时，实际上指的是“遗忘症”或“失认症”。

② 史蒂夫的遗忘症就是很好的例子。由于没有先例，我们做了一些临床研究才找到原因。由于史蒂夫脑干中脑腹侧部分受损，特定记忆被消除，而一般记忆得以幸免。

成，并非大脑进化出的保护重要信息免受神经退化和神经疾病侵害的唯一“守卫”，还有其他保护机制在发挥作用。

这些机制的发现要归功于先进的功能性神经成像的方法。这些方法包括 FMRI（功能性磁共振成像）、PET、SPECT（单光子发射计算机断层成像术）、MEG（脑磁图）等，使我们在科学史上能第一次在活体进行心智活动时观察到大脑的生理激活。这些方法的引入改变了神经心理学和认知神经学的面貌，不亚于发明望远镜推动了天文学的发展。没有哪一个研究领域可以只依靠概念发展，而强大新技术的引入（它们本身是其他领域新思想的产物）通常对科学进步具有决定性的作用。

运用这些方法，研究人员在新皮质里发现了另外两种常用知识的保护机制。它们是“模式扩张”机制和“轻松专家”锻造机制。这两种机制协同工作。

模式扩张，是指通过实践、经验和重复使用分配给某种运动能力、知觉能力，也许还有认知能力的脑区扩张并接管邻近的皮质部位。加利福尼亚大学旧金山分校的迈克尔·梅尔策尼希（Michael Merzenich）及其同事在猴子身上做的各种技能学习实验证明了这一点。更确切地说，人类身上也已出现类似的效果。阿尔瓦罗·帕斯夸尔－莱昂内（Alvaro Pascual-Leone）已经证明，盲人之中，使用相同手指阅读六点盲文和简写盲文的个体，前者的手指皮质投射区比后者的要大。同样，弦乐演奏家左手手指的皮质投射区比其他人的要大。这种扩张使模式更能抵抗脑衰退和脑疾病的影响。要想理解该机制的工作原理，只需想象一个带有一定数量孔洞的蜂窝乳酪模型。假设孔洞的数量和大小保持不变，那么整片乳酪的面积越大，孔洞影响不到的面积就越大。

虽然听起来可能无礼又过分简单，但蜂窝乳酪的类比并未离题。很多增龄性脑疾病中，影响大脑的都是破坏神经细胞和扰乱细胞间通信的微小、离散病灶。阿尔茨海默病的病灶是臭名昭著的微观缠结及斑块，也就是衰退和死亡的神经组织碎片。路易体痴呆症的病灶是微观的路易小体，这种痴呆症也是一种主要的退行性疾病，尽管它不那么为人所熟知，但同样对身体影响很大。还有另外一种由广泛分布的脑血管失调引起的痴呆症，即所谓的多发性脑梗或小血管疾病，其病灶是遍布大脑的微小梗塞。无论这些病灶的致病源和发病机理是什么，它们都会随机破坏大脑组织，就像是对着靶心投飞镖。然而，靶心的整体范围越大，飞镖涉及不到的部分就越广——即使不一定成比例，但至少按绝对值算，这一点对认知技能的保留可能最为重要。

研究人员在明尼苏达州圣母玛利亚修女会发现一种令人费解的现象，即修女会成员不但长寿，而且到年老时头脑也很清醒。其原因，至少部分原因很可能就是模式扩张机制。一些修女死后，对其大脑的检验结果显示出明显的阿尔茨海默病征兆，但实际上她们在最后的日子里认知能力健全，并没有表现出心智衰退的迹象。阿尔茨海默病影响了修女的大脑，但没有影响她们的智力。虽然对修女的研究是个例，但我肯定这种现象本身并非独一无二。

模式扩张提供的保护也许就是很多上了年纪的医生、律师和工程师仍能高水平地履行专业职责的原因，尽管他们在日常生活中偶尔会记忆缺失或注意力不集中。

我喜欢把另外一种大脑保护常用心理表征以对抗衰退的机制称作“轻松专家”。根据实践和经验，执行任务的神经组织会降低新陈代谢的要求。这意味着大脑可以用较少的资源可靠地解决日常问题，其中包括血液供应的减少。这一发现和我们大多数人对日常生活的观察相符。当疲惫、饥饿或睡眠不足的时候，尽管你能完成一项熟悉的任务，但面对复杂程度相同或较低的新任务时却会惨遭失败。

现代功能性神经成像法让我们能够非常精确地证明这种效应。在早期的研究中，R. J. 海尔（R.J.Haier）和他的同事使用了 PET 来探索在执行一项复杂的新任务时大脑对葡萄糖的代谢需求。实验任务选择了俄罗斯方块，一种令人沉迷的空间拼图游戏，它可以达到相当复杂的程度。他们发现随着实验对象对任务的熟练掌握，代谢需求会稳定下降。经过几个星期的练习，大脑的代谢需求大幅度降低，但任务执行力提高了 7 倍。值得注意的是，那些通过练习最大程度熟练掌握任务的实验对象的代谢需求的跌幅也最大。这真是事半功倍！

最近使用 FMRI 对物体分类任务进行的研究也证明了类似的“少即是多”效应：随着执行任务熟练度的提高，完成度也在提高，而与任务相关的皮质激活水平却降低了。通过一个巧妙的实验，伊恩 · 多宾斯（Ian Dobbins）和他的同事证明这种效应的“少”是因为分析复杂问题的能力得到了提炼，“多”是因为这种分析的提炼完全有利于习得反应的自动执行—— 一种模式识别的快捷机制。

用较少的代谢资源熟练完成一项任务的能力可以很好地抵抗大脑神经疾病。在老龄化过程中，大脑局部血液供应不足障碍相对比较常见。这种障碍形式多样，从轻微到严重不等，可能会影响不同的动脉及其分支。这种障碍最常见的成因是胆固醇和其他碎片沉积在血管壁上导致血管狭窄。因此，依靠阻塞的动脉或小血管流向大脑局部的血液及其携带的氧气供应就会减少。局部血液供应的急剧减少可能导致中风，从而造成不可逆转的组织伤害，但血液供应的轻微减少仅会使人的认知迟钝。用减少的血液供应完成复杂心智任务的能力，可以说是保护脑功能免受脑血管疾病不利影响的一种强大“武器’，尽管它不是无限强大。

模式扩张机制和“轻松专家”机制协同合作，增加了分配给熟练认知任务的大脑空间，降低了有效执行这些任务必要的代谢需求。当它们的保护能力达到一定程度，模式扩张机制和“轻松专家”机制的联合效应也许在很长一段时间内足以抵消大脑退化和脑血管疾病的影响，这段时间可能是数年，甚至可能是一二十年。

随着我们对记忆形成及其粗略神经解剖学基础“鸟瞰图”的日益完善，我们也开始认识到在更为微观的尺度上发生的记忆过程。永久性记忆究竟如何形成是我们深入研究的课题，而且还有很多问题有待解决。我们远未搞清楚这些过程的细胞作用机制，相关的新的信息飞速涌现，以此为主题的书很可能到出版的时候就已经过时了。写作这本书时，最有意思的一个发现是朊病毒可能在记忆的细胞机制中所起的作用。这些令人震惊的强健蛋白质直到最近才被发现与无法治愈、后果严重的神经疾病，比如也被称为海绵状脑炎的克雅二氏病以及疯牛病有关。但事实证明，强健到几乎不可毁坏的朊病毒，可能在牢固记忆的形成过程中非常有用。

记忆的细胞机制太过复杂，在这本书里我们无法完全探讨。但显然，记忆形成的变化发生在突触上，也就是相邻神经元之间的微小接触面。这些变化可能涉及新树突的生长、神经递质（负责神经元之间通信的化学物质）的增加以及受体（神经递质所附着的微粒）的增加。这些变化促进了神经元组内部的连通，因此只要激活其中任何一个子集，就会在特定路径上触发一连串的激活。这就像水流在沙地上沿着已有的凹槽流动。很多科学家——我也是其中之一——认为这种神经通路的形成就是长期记忆的形成，而它们的激活就是在回想先前存储的信息，或是在识别已知分类里的一种特定事物。

沙地上的凹槽这个类比虽然有帮助，但仅限于一定程度。每激活之前形成的一个记忆，你都在“润物细无声”地改变它，方法是将其嵌入一个由当时心智活动的特殊背景所唤起的新环境。因此，凹槽的外观也会产生细微变化。为了说明这一点，我正在想象一头长着螺旋形象牙和条纹躯体的紫色大象。这是我人生中第一次幻想这样古怪的生物，基本上是把首先想到的东西写了下来。在此过程中，我激活了我对大象的视觉记忆，一个我不经常激活的健全心理表征。但这个无聊的练习却让我把大象的心理表征与作为抽象概念的“记忆”的心理表征以及沙地凹槽的心理表征连接起来。这意味着潜在神经元网络之间的连接一直在机械化地轻微地重新配置。这种变化可能是短暂的，无法在严酷的神经自然进化过程中持续。然而，假如我将来在讲座上继续以它为例向学生说明本书的目的的话，潜在神经网络之间就会形成一种持久的变化，这种变化就可能得以保存下来。因此，我们每一次回想的时候，记忆都在经历重建和重组。

这种变化，即神经网络的动态性质，可能就是先前形成的记忆一旦被用于新任务、新环境中，就必须启动某些其他生化过程来“重新加固”它的原因。当这些生化过程受到干扰的时候，以被动、稳定的形式存储于头脑中的记忆，经过新环境的激活以后，就无法再成功地“存回”原先的状态了，它再也不是从前的记忆了。

“吸引子”大脑

人类如何形成记忆和回想记忆的复杂细节还有待整理，计算神经科学对这些过程的洞悉却越来越详尽。与生物学和心理学的其他分支一样，脑科学传统上是一门实证学科，需要通过艰苦的观察和实验确立一般原则。不过，判断一门学科的成熟程度，基本上都是看其发展理论分支的能力。

我们来看计算神经学。在我看来，“计算神经学”的说法乏善可陈，因为它没有传达出这门新学科的广度和丰富性。我更倾向于和“理论物理学”内涵相似的“理论神经学”（虽然我认为形容词“理论”和“生物学”联系在一起本身就带有偏见,更别提“心理学”了)。在过去,与内涵严谨精确的术语“理论物理学”相比,它通常代表着冗长的废话和无法证实的猜想。也许正因为这样,人们才会格外谨慎地使用“理论神经学”这个词,甚至勉为其难地使用干巴巴但感觉更安全的“计算神经学”来替代它。

但今天的计算神经学或许是脑科学最严谨的理论分支。起初,这一新领域使用的方法主要是对大脑内一些精密、孤立的过程建立数学模型。大功率计算机的出现引发了一种理论和实验相混合的特殊方法——计算机建模。关于生物系统复杂结构的理论被假定为一种计算机模型,我们从经验出发,通过让它执行不同任务以及改变它的各种参数来研究模型的“行为”。出人意料的是,这种理论和实验相混合的方法,远比单独使用其中一种方法取得的成果要多。其中一些成果直接影响我们对大脑记忆机制的理解,而它们的获得需要用到所谓的“形式神经网络”。

形式神经网络建模是计算神经学最强大、最有前景的工具之一,它完全由大量互通的简单元素(“形式神经元”)构成,能捕捉到真实大脑运作方式的根本属性。网络中的单个元素——神经元的能力有限,单凭一己之力发挥不了多大作用。网络解决问题的能力是神经元之间连续、并行的多元互动的结果。网络处理信息的能力到处可见,而且不存在特殊的地方,它分布于整个网络。这些都和真实大脑的运作相同。

在真实的大脑里,即使是中等复杂的认知过程,也会牵涉海量的神经元和胶质细胞，这使得我们能够对它们之间所有的重要交互作用进行实验分析。简单地说，大脑由无数活动部件构成，其最引人关注的属性源于部件之间的多元互动，而不是源于部件本身。当实验研究工具无法探测这些多元互动时，它们多数能在电脑运行的动态神经网络模型里自我暴露。

面对各种任务，形式神经网络显示出令人惊讶的类人脑属性，其中最有趣的当属新能力和新技能的出现，设计者并未明确地将它们编程到模型里。我们把这种自发出现的新能力称作“突现属性”。通过独立获得这样的能力，神经网络在某种意义上真正“创造了自己”。当从显示反馈，也就是之前的成功或失败中受益时（监督学习），甚至在没有这种可用的反馈时（无监督学习），网络都会展现出这些能力。

突现属性里最迷人的是“吸引子”和“吸引子状态”。一个吸引子就是一个网络，也就是一组紧密互连的、在没有外部直接刺激的情况下也具有稳定活动模式的神经元。这些自我维持的活动模式被称作“吸引子状态”。吸引子状态是可能的，因为吸引子内神经元之间的连接极为紧密（用我们之前的类比来说，就是沙地上的凹槽很深），以至于激活神经元的任何一个子集，即使是一个相对较小的子集，都足以维持整个模式的运行。这意味着通过激活任一数量的任一部件，就能全面激活作为整体的同一个吸引子。我们有时候会用一个稍显轻蔑的术语“退化”来表示吸引子的这种属性，首先将该术语引入神经科学的是杰拉尔德·埃德尔曼。事实上，“退化”是一个基本的数学属性，是代数学和数理逻辑广泛研究的对象。退化也是生物学上吸引子的一个非常重要的属性。

为了更好地理解吸引子的作用原理，记住这个词的原初意义可能会有所帮助。“吸引子”这个词是神经科学家从数学那里借来的，它最初由 19 世纪伟大的数学家亨利·庞加莱（Jules Henri Poincaré）提出，指的是这样一种情况：将某集合内的各个数值代入一个方程，都只能求得一个常数解。当时有人说这个解将该集合内的数值都“吸引”进了方程。布尔代数里也能找到“吸引子”，同一个逻辑公式可以表示成很多数值的集合。

就像一个具有吸引子属性的数学方程，一个大脑神经网络吸引子会被来自外部世界的各种不同输入信号所激活，这些信号激活的都是同一个网络。当我们在识别钢笔时，黑色塑料短钢笔、红色金属长钢笔以及炫目昂贵的黄金钢笔，它们产生的感官输入截然不同。尽管三组输入存在差异，但会激活同一个神经网络，我们就是这样识别钢笔的。

更有趣的是，每个吸引子都具有一个所谓的“吸引盆”，一组趋向于转变成吸引子状态的相似活动模式。这就是说，各种相似但不完全相同的激活模式在某种意义上会被系统“认为”是等价的。形式神经网络主要的吸引子属性，尤其是退化属性，与部分记忆可唤起全部记忆的倾向相对应。具有“吸引盆”的吸引子和一般记忆一样，会把许许多多相似的物体识别为同一类别的成员。

虽然吸引子及“吸引盆”的概念出自计算模型，但它们抓住真实大脑记忆形成的本质特征的可能性是诱人的。神经网络建模的先驱约翰·霍普菲尔德（John Hopfield）率先提出了吸引子观点，他实际上就是记忆的研究人员之一。

起码我们知道大脑里存在类吸引子回路。它们的作用尚未完全明朗，但支持“记忆就是吸引子”假设的证据不断增加。其中有些来自“变形”实验。我们大多数人都看过迈克尔·杰克逊的音乐录像带《黑与白》，里面首次以面部变形的形式应用了这项技术：女性的脸变形成男性的脸，老人的脸变形成年轻人的脸，亚洲人的脸变形成白种人的脸。神经科学实验也应用了同样的技术。通过计算机绘图，你可以创建一种动物变形成另一种动物的连续图像：狗变成猫或者牛变成骆驼。假设你要求实验对象根据原先的两种动物将计算机在连续过程中生成的不同生物图像分成两组；或者用计算机合成或混合语言的发音，生成变形元音：“A”变成“O”，“O”变成“U”，等等。实验对象对这种计算机生成图像的分类通常会产生惊人的离散边界：在某一张连续变形图像之前，所有图像都被毫不犹豫、始终如一地分为一类；而之后的所有图像，则同样是毫不犹豫、始终如一地被分为另一类。这些分类的离散性恰恰反映了大脑中吸引子及吸引盆的作用。

神经网络建模的另一位先驱斯蒂芬·格罗斯伯格（Stephen Grossberg）创建了一种强大的“自适应共振理论”，简称ART。根据ART模型，当来自外部事件的感官信号与大脑先前形成的一个网络亦即吸引子产生“共鸣”或相匹配时，对该事件的识别或“明理”就发生了。按照这一模型，识别行为只不过是重新激活了先前形成的神经网络。越来越多的神经学家接受了这种模型，它事实上反映了我们在识别一个物体或是回想某些记忆时大脑的作用机制。

爱好研究大脑的读者可能会对吸引子和“模块”之间的关系感到好奇。“模块”是 20 世纪 80 到 90 年代认知科学里一个很流行的术语，目前在某些圈子里依然很流行。它指的是大脑中一个结构紧凑、“信息封闭”的受限单元，该单元致力于非常具体的心理操作，有时候这种操作相当复杂。正如前文所述，研究人员认为不同模块之间的通信极其有限，在功能和回路上几乎都不存在重叠。很多年来，这样的模块一直被视为认知和大脑的基础。大脑模块论是 19 世纪颅相学的“死灰复燃”，修饰美化令它摇身变成了现代化的新方法。

对我来说，高级认知的模块化观点等同于智力上的西哥特人入侵，它阻碍了人们对大脑工作机制更为细致的理解。我还公开发表过这种说法。我拼命抗争，通常是在个别期刊上发表类似“模块论兴衰史”的文章，期待着“模块歪理”的消亡。这种消亡来得不算很慢。今天，模块化已经被彻底拆穿、否定，并遭到大部分神经科学界人士的完全抛弃。有时候，认知模块会被讽刺为“祖母细胞”，也就是存储祖母形象的一个神经元。别去找它，它只存在于模块化理论的忠实拥趸的头脑中，除非你也是其中之一，否则你的头脑里就没有什么“祖母细胞”！

那么，吸引子真的是伪装的模块吗？或者说是“祖母细胞”？我们创造了一个高科技的计算机模拟术语，仅仅是为了重新命名一个过去的陈旧概念吗？答案是一个响亮的“不”。模块是先天的，吸引子是突现的；模块在功能上是封闭的，众多吸引子却共享相同的神经组件；模块在结构上也是封闭的，吸引子多半遍布在皮质区。后一点反映在一种常见的现象中。假设你在谈话中试图回想一个人的名字，它就在你的嘴边徘徊，直到当事人进入房间，你看到这张笑嘻嘻的脸，立刻想起了对应的名字。顿悟般的回忆出现了，尽管这个人没有佩戴名牌，不用说他的额头上也没有写着名字。

要发生这种回想名字的现象，你的头脑里必须存在一个由包含面部信息的视觉组件和包含名字信息的听觉组件组成的网络。虽然这两种信息存在于完全不同的皮质区（面部信息储存在顶叶，名字信息储存在颞叶），但它们交织成一个吸引子。只要激活组成它的小部分神经元，就能完全激活整个吸引子。

简而言之，这就是一般记忆的作用机制。下一章我们会讨论一般记忆是一种多么强大的认知工具。

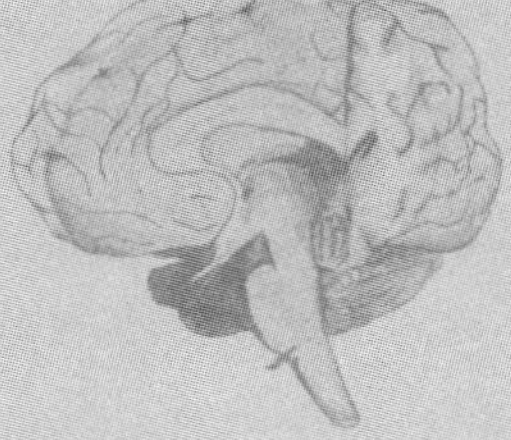

第8章

记忆、模式和智慧

智力资源的优点

智慧（或者更谦虚地说，是专业知识）通常令人生畏，几乎瞬间就能“知道”棘手问题和意外问题的答案。智慧也能预见多数人完全不知道的事件。我们已经确定，智慧现象以及它所有的复杂性不能仅仅局限于高级模式识别能力。但我们也确定，这种模式识别能力是智慧的一个非常重要的组成元素，也就是说，拥有智慧的人有能力识别异常多的模式，而每一种模式都包含一整类重要情况。正如我们已经知道的，这种能力是人脑中存在无数吸引子的结果。模式识别吸引子的增加和形成需要时间。这种能让我们快速找到各种问题答案的模式属于一般记忆。一般记忆随着年龄的增长而累积。

直觉决策能力也随着年龄的增长而累积。人们通常认为直觉是分析决策的对立面，其内在是非分析或预分析的。但事实上，直觉是大量先前分析经验的凝聚；它是经过压缩和提纯的分析。直觉决策是后分析的，而不是预分析或非分析的。它是分析过程压缩到一定程度的产物，这时即使人们做出了分析，其内部结构也可能无法体现。赫伯特·西蒙最先指出直觉决策的“后分析”特质。

智力凝聚的这种优势“出现于”数百万年前的进化中，并在不同的物种之间代代相传。我们无须深思熟虑，就能立即自发地、高效地“识别”环境中的危险，比如一条蛇。你可以把这种进程视作“种族智慧”的一种形式，我们在之前的章节中已经讨论过由杰奎因·富斯特提出的这一概念。和所有高度通用的机制一样，种族智慧本质上是统计性的。它多数时间，也许是绝大多数时间对我们来说是一种优势，但并非总是如此。它的运转几乎完全依靠自身固有机制的力量。这种固有的、自发的反应机制发生在杏仁体内，也就是存在于左右颞叶内部的一小群神经细胞。

很多年前，我在去肯尼亚旅行的过程中充分认识到了这种固有决策凝聚的力量。除了游客常做的事情之外，我还参观了一个鳄鱼养殖场，得以近距离接触一条刚孵出来的鳄鱼幼崽。鳄鱼幼崽只有我的巴掌大，干瘦弱小，显然不具危害性。然而，当我伸手去摸它时（由新皮质主导的有意识的过程），一种神秘的力量将我的手臂朝着反方向拉开（由杏仁体主导的无意识过程）。我难以置信地见证了这一“神经拔河”的过程，诡异地感觉自己是大脑内部运作的被动观察者，而不是拥有它的主体。令我惊讶的是，杏仁体占据了上风，我发现自己做不到触摸鳄鱼幼崽。从理性的角度来看，这种情况是完全荒谬的，但经过世代磨炼的固有机制拥有最终的决定权。很多人对蛇有类似的反应。我必须承认，我每次看见一条大蛇挂在街头艺人的肩膀上都有点儿发抖，这种场景在城市里并不少见。我从不会有接近这种生物或是触碰它们的念头，即使远远地也不行。

正如杏仁体含有体现了数百万年进化的种族智慧的神经凝

聚一样，新皮质也含有体现了一生发展的个体智慧（或能力）的神经凝聚。这些凝聚表现为我们之前讨论过的神经吸引子的形式。就像我触摸鳄鱼幼崽的经历一样，用这种认知模式过滤现实信息偶尔也会失败。[①] 但总体来说它们极具适应性。

专家的直觉决策恰恰绕过了有序的逻辑步骤，因为它是这种有序的逻辑步骤被大量使用后凝聚而成的。它是由先前的大量经验所带来的智力节省的“奢侈品”。据报道，伟大的物理学家理查德·费曼（Richard Feynman）能够扫一眼写满晦涩数学公式的几页纸，然后随口得出结论：“看起来是对的。”真是毫不费力的事后分析！

这种由先前积累的知识所带来的智力节省有一个简单的日常例证，即我们阅读报纸的能力，严格来说，是不必完整阅读的能力。我打开一份大约为 2003 年年底发行的报纸，浏览标题“米洛舍维奇又病了……”“施瓦辛格获得……”“巴厘岛爆炸案宣判……”，我不用阅读整篇文章就知道它们的内容。我

① 澳大利亚神经学家艾伦·斯奈德（Alan Snyder）认为，我们为过度依赖快速模式识别机制付出的代价可能远远超过我们的想象。为了查明依赖的代价，斯奈德开始了一项研究，通过向实验对象的大脑发射微弱的磁信号来暂时阻断这种模式识别的脑回路（这种技术被称为经颅磁刺激，或简称 TMS）。他声称，由于这一操作，他的实验对象暂时获得了先前不能使用的心智技能。据说他们的绘画能力提高得尤其迅速，而且绘画细节变得更加丰富。他们的其他能力可能也是如此。斯奈德是一位了不起的科学家，也是我的好朋友，我谢绝了成为他的 TMS 研究对象的邀请。所以我们永远不会知道，如果接受了他的邀请，我在悉尼大学访问斯奈德的实验室期间写的这本书会有多大程度的提高。

先前积累的时事知识让我能非常准确地推断文章内容，假使我真去逐字逐句阅读报道的话，得到的信息不会比我推断出来的多：南斯拉夫前总统斯洛博丹·米洛舍维奇的战争罪审判再度搁置，原因是他声称自己病了；自健美先生跨界而来的政客在加州州长的竞选中领先；伊斯兰激进分子炸毁巴厘岛舞厅的案件最终宣判。

如果没有先前的知识，我也能提取所有信息，但我就必须非常仔细地阅读新闻报道才行。我至少会花费 30 分钟，也许要一小时，才能从文本中获得信息，而这一过程会调用我的注意力、记忆力和语言能力。但得益于先前的知识，整个过程简化为毫不费力的瞬间识别，特别轻松，可能只要 30 秒。智力节省为你服务！当然，我阅读报纸的例子与复杂情况下的决策相去甚远。但在各种看似截然不同的情况下，先前累积的模式充当心智节省机制的原理基本相似。

这种智力节省使脑神经受益颇多，它们对个体的价值也会随着年龄增加而增加。为了弄清楚其中的原因，我们通常会用到“智力储备”或“智力资源”的概念，它们往往随着年龄增加而减少。关注认知老化的神经学家非常重视这些概念，尽管它们有点儿神秘。这反映出研究人员试图捕捉智力某些难以捉摸的方面，用外行的说法就是“心智能量”或“清晰思路”。坦白地说，我一直认为“智力资源”也是这些术语中的一个，它们用新瓶装旧酒的方式创造了认识的错觉。（科学界还有很多这样的术语！）

我们不知道究竟是什么决定了给定个体的“智力资源”

量。单纯从推测来说，可能是血液供给大脑的氧气、神经连接的密度、电子信号沿轴突传递的速度、突触中关键神经递质的浓度，也可能是所有这些的集合。无论如何，“智力资源”的量因人而异。但因为模式识别机制而成为可能的智力节省，能使一个人用最少的智力资源支出解决非常复杂的心智任务。模式识别里固有的智力节省有效抵消了大多数人随年龄增长而产生的智力节省下降。

一个懒惰、未经训练和“没有形成模式”的头脑有时候会被“后分析”决策看似简单不费力的性质所引诱，并且想要模仿。这种可悲的表演多数只是一种错误的分析而非后分析。最近流行的一种教育趋势，即通过印象主义的数量“推测法”而不是计算推演来教授小学数学和高中数学，是这种虚假认知最糟糕的示例。

因此，一般记忆是模式识别的工具。我们越是研究它们在认知中的作用，越是折服于赫伯特·西蒙早期的洞见。模式识别是我们可支配的最常见、最有效率的问题解决策略。这是否意味着每一种模式都有资格成为智慧的元素或能力的元素呢？恐怕不是，我们千万不要过分轻视这些概念。但这些模式越多、越广泛，它们有助于即时轻松解决各种重要问题的作用越大，也就越有资格成为智慧的元素。某些模式的通用性越强，其神经表征越多余，它们也越能抵抗大脑退化和大脑疾病的影响。这种模式在心智活动中出现得越频繁，越不容易受到认知减退的影响。模式的积累有赖于年龄增长，所以，衰老是我们必须为智慧模式的积累所付出的代价。

我们之前研究过能力和智慧的关系。这种区别有多大意义呢？我们的文化受有限的分类学、鲜明的二分法和二元论的支配。但现实通常是连续的、渐进的，并没有明显的边界划分。我记得年少时曾和思想早熟的表兄弟无休止地争论过一个问题，他的年龄和我相仿。我们争论的内容是“伟大”及其定义。我们都认同贝多芬是伟大的作曲家，伦勃朗是伟大的画家，托尔斯泰是伟大的作家。但贝拉·巴托克（Béla Bartók）、弗朗西斯科·戈雅（Francisco Goya）和西奥多·德莱塞（Theodore Dreiser）呢？他们也伟大吗？或者仅仅是“杰出”？回想起来，这样的争论无疑是幼稚的且毫无意义。就像哈罗德·布鲁姆（Harold Bloom）和查尔斯·莫里（Charles Murray）的作品，“伟大”和“杰出”之间不存在鲜明的分界，智慧和能力之间也是。它们只在程度、主观性和价值判断上存在不同。

“习惯包”

我们先前已经确定，智慧和能力有赖于年龄的增长。这是否意味着我们在衰老过程中，会自然而然地获得这些宝贵特质，就像我们头发变白、皮肤起皱一样？（这很好，不是吗？）但它确实不会以这种确定的天命方式出现。澳大利亚著名媒体记者彼得·汤普森出版了一本访谈书，它的标题和副标题同等重要——《智慧：当之无愧的礼物》。作为礼物的智慧，是回报而非应得的权利，你必须努力才能获得。能力的获得也是同样的道理。

转换成大脑“语言”，就是获得智慧和能力，要在重要情境下容许模式识别的吸引子积累。显然，有些人用了毕生时间积累这种模式，有些人要快一些。每个人在一生中都会积累一定的模式识别能力，但并非每个人积累的都是对很多人来说非常重要的解决问题所需的模式。通常来讲，那些毕生应对智力挑战且对其很擅长的人，也就是那些既聪明又大半生在智力上保持活跃的人，他们的智力也能在很大程度上抵抗老龄化的影响。

研究推理能力和一般知识（包括语言词汇量）的关系时，我们能非常清楚地看到这一点：推理能力低的人，知识和词汇量都会随着他们的衰老保持不变或实际下降；但推理能力高的人，知识和词汇量事实上都随着年龄的增长在增加——直至 80 岁！

如此看来，作为一种能解决别人难以解决的问题的方法，轻松强大的模式识别是长期以来直面智力挑战成就的巅峰和回报。用彼得 · 汤普森的话说，那些用努力获得智慧回报的人，在面对衰老和形形色色的神经疾病时具有惊人的持久力。伟大的美国心理学家威廉 · 詹姆斯（William James）说得对：“年轻人只有意识到他们很快会变成行走的习惯包时，才会更加关注自身行为的可塑性。”

这些人直到老年仍能从包含真正能力的“模式后天养成的习惯包”中获益。今天，越来越多的老年人选择继续工作。这一点切切实实符合人口发展的现状，也颇受欢迎。但这也引发了对工作会受到年龄限制的担忧。事实证明这种担忧并没有根据：工作表现和年龄之间没有关联，它不会随着年龄的增长而下降。

工作能力体现在所谓的“隐性知识”上，这类并未通过正式培训传授的程序性知识有助于解决工作中出现的日常问题。研究表明，隐性知识不会随着年龄的增长表现出任何明显的下降，这也许是工作表现和年龄无关的原因。事实上，隐性知识的衰退，要比科学的神经心理学测试评估过的单项能力（记忆力、注意力，等等）弱得多。这意味着，尽管记忆力及注意力会下降，一名年老的专业人员仍可能继续保持良好的工作状态。

描述性知识和规范性知识

隐性知识更多的是关于解决问题而不是获取信息，因此，我们需要掌握一个非常重要的区分：认知的描述性方面和规范性方面的差异，以及智慧和能力的描述性方面和规范性方面的差异。正如我们之前所指出的，知识可以是描述性的，也可以是规范性的。模式识别及其载体吸引子也是如此。

描述性知识是关于“是什么”的知识。它有时也被称为“事实知识”。因为世间万物是独立于观察者而存在的，无论你的希望和偏好如何，事物的各种描述都可以用“正确”或“错误”来判断。“5+5=10”是正确的描述，而“5 × 5=12”是错误的描述。如果你希望还有别的方法，那好吧，真不走运！关于事实的描述性知识是对事物本质的认识。

相反，规范性知识和“是什么”无关，而是关于“应该如何”，尤其是“我们必须如何做才能满足自身愿望和需求”的知识。规范性知识是关于我们该做什么的认识，是对预期的行动方案的认识。和描述性知识不同，规范性知识并不独立于主体而存在。恰恰相反，它是有关你的需求、对你最有利的行动方案的认识。规范性知识和事物客观的、“真实的”本质无关，而与最佳的行动方案有关。由于这种行动选择因人而异，我有时称它为“角色中心知识”。

人类掌握着能让我们获得和存储描述性知识的强大智力“武器”，但这种“武器”对我们获得和存储规范性知识来说是次要的。进化压力塑造了我们的大脑和身体，其目的是提高我们的存活率而不是提高我们确立终极真理的能力，虽然后者对前者来说是一种很好的助力。除非你是躺在酒桶里的第欧根尼，否则大多数人的首要目标是改善命运，发现真理只是达到目的的一种手段而不是最终的目的。[①]

考虑到这一点，规范性知识特别珍贵并不奇怪，规范性智慧和规范性能力也是一样。人们在向智者或专家求助时，更倾向于听取“该做什么”而非“是什么”的建议。智慧的规范性力量和能力的规范性力量值得我们单独探讨。

首先，我们需要了解大脑形成和存储知识的位置，以及大脑机制如何体现描述性知识和规范性知识之间的差异。为此我们需要考虑大脑结构的两个主要区别：左右半脑的区别和前后大脑皮质的区别。描述性知识和规范性知识都建立在模式识

① 具有讽刺意味的是，认知心理学家惯于将大部分精力投入在理解描述性知识机制上。直到最近，规范性知识机制才开始引起他们的兴趣。

别的基础上，而体现模式的是吸引子。由于存储知识的是第一次处理信息的位置（记住，大脑里没有空间独立的指定记忆仓库），体现描述性知识和规范性知识的吸引子自然也存在于不同的新皮质区。

描述性知识和规范性知识全都存储在被称作联合皮质的最发达的新皮质部分。描述性知识主要存储在它的后部以及大脑的颞叶、顶叶和枕叶。相比之下，规范性知识主要存储在额叶中。最新的研究也表明，左右半脑在知识的获取及存储、吸引子的形成与模式识别机制中发挥的作用非常不同。

在接下来的几章里，我们会进一步探索智慧和能力的大脑机制，以及左右半脑和额叶如何决定这些珍贵的特质。随着我们对额叶的了解加深，它们在规范性知识的获取和存储方面起到的重要作用会越来越清晰。而当了解到更多关于左右半脑之间的差异、相互作用以及它们如何与新旧认知相关联的知识后，我们会更好地理解智慧模式区别于其他大脑表现的原因、它们产生的机制以及它们能够抵抗衰老的原理。

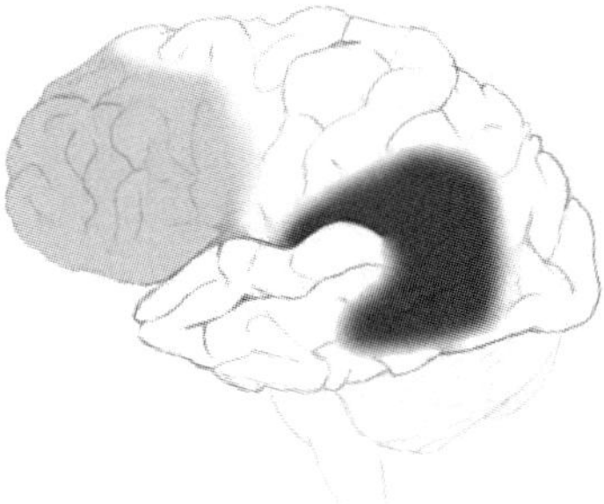

图10　描述性知识区（深色阴影）和规范性知识区（浅色阴影）

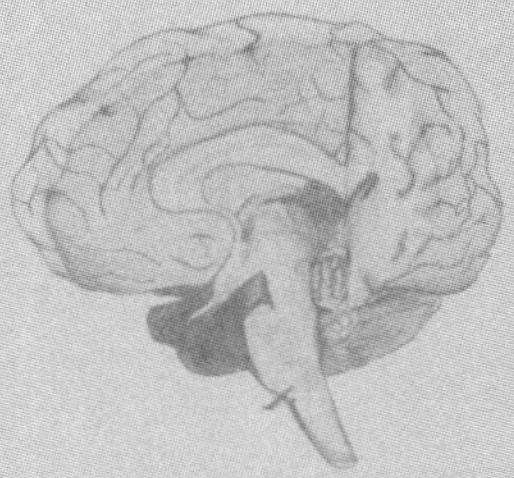

“预先”决策

第 9 章

额叶的秘密

如今，额叶是被研究得最多的大脑部位，它的功能被认为是人类心智世界的基石，它在发育和老化中的变化是科学界关注的焦点。因此，我们已经认识到，额叶的成熟是认知发育的中心主题，额叶的衰退是认知老化的中心主题。但这种认识来得艰难而缓慢，你也可以看到原因：解释额叶具备何种功能要比解释它不具备何种功能难得多，神经学家花了很长时间才弄清楚。

我还记得小的时候，母亲第一次带我去家乡里加当地的歌剧院。我本应该专注舞台上的表演，但我发现自己被管弦乐队前面的小个子男人迷住了。小个子男人站在台上挥舞双手，我怎么也搞不明白他在表演中到底扮演什么角色，因为他显然没在演奏任何乐器。不用说，那个小个子男人就是指挥家。

额叶，更确切地说是前额皮质，对大脑的其他组织来说就像乐队的指挥家。多年来，心理学家和神经学家就像当时那个迷惑的我一样，无法理解它的作用。

自相矛盾的是，很久以前人们就通过临床实践认识到了额叶在塑造核心性格特征中的作用。20 世纪中叶，在欧洲和北美非常流行的额叶切除术，意图通过切断额叶与大脑其他组织之间的联系来改变性格。遗憾的是，在很多案例中，额叶被完全切除了。然而，科学家对额叶功能的正确认识严重滞后。

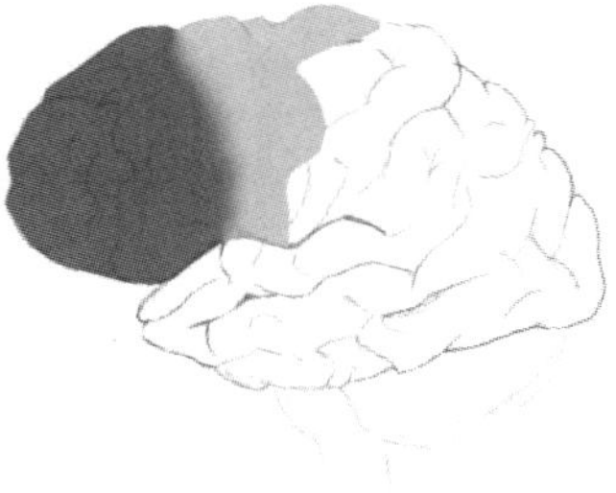

图 11　额叶与前额皮质区（深色阴影）

其中一个主要障碍就是描述性知识机制异常稳固的地位，它直到最近还一直主导着神经心理学和认知神经学。我们会发现，额叶和描述性知识的关系相对没那么密切，和规范性知识的关系更密切。另一个障碍是神经科学家一直在研究和估量具体的心智技能：知觉、语言、运动，等等。但额叶并不负责这些具体机能，就像指挥家不演奏任何乐器一样。

此外，交响乐也不存在于任何特定的乐器中，它源于所有乐器的相互配合，而把它们"融为一体"的正是指挥家。同样，复杂行为不只依赖一种心智机能，而把这些机能组成复杂集合体的正是额叶。额叶负责制订计划，绘制生物体在解决各种问题时必须采取的路径。就像指挥家随着音乐的展开用指挥棒调动乐队的不同成员一样，额叶调用具体的心智技能和能力，把它们组合成复杂行为。额叶的这种指挥作用通常被称为"执行功能"，它就好比一家公司的 CEO（首席执行官），负责制定公司策略但并不参与任何具体的、狭义的活动。CEO 监督其他人的活动，同时负责鉴别和整理公司全球战略所需要的资源。这就是额叶对生物有机体所起的作用。

最新的研究表明，前额皮质的内部组织呈现一种层次结构，事实上有点类似社会大型组织的层次结构——比如企业、军队或者行政部门，上层负责整体指挥，下层细分成各种部门。前额皮质的最前部负责整体决策，其后的部分负责制定和执行整体任务里更为详细的子任务。这非常符合遍及大脑的功能性皮质组织的梯度原理，我们之前已经讨论过。

思维过程越系统化，对额叶的依赖越强。解决问题时所采用的任何逻辑理性的方法都会激活前额皮质——问题的复杂性也会增加，需要关联很多部位并综合心智运算才能找到解决方案。有趣的是，归纳推理比演绎推理需要更多的前额资源。

额叶似乎是以目标为导向的复杂行动和思想的引擎，也就是说，这种行动的计划和蓝图是在额叶中形成的。潜藏在理性分析各种问题背后的思路也是如此，它们是我们的头脑在寻找解决这些问题的有效方法中所形成的分析方法。它们主要由额叶参与形成。

我们在前几章里已经确定，关于某些事件的记忆存储在大脑参与处理和分析这些事件的同一部位。由于理性分析的思路和行动计划在前额皮质形成，关于过去所“执行的”各种问题的解决方案，以及随时间发展形成的理性分析整体心智习惯的记忆，自然也存储在前额皮质。参照杰奎因·富斯特的说法，我们将这些记忆称作“执行记忆”。当生活换一种面目重新出现时，这些执行记忆就可以使用了。在很多执行功能以外，额叶还充当这种执行记忆的存储库。

换句话说，额叶存储和积累规范性知识，也就是处理生活状况的有效方式以及针对这一类状况采取的最佳行动方案的一般记忆。那些拥有这种一般记忆的人在面对困境时“知道该做什么”，他们不会“从零开始”面对每一次复杂的决策执行——这很可能是一个不可能完成的任务，而会套用模式识别。在某种意义上，前额皮质含有应对未曾出现过的情况的未来行动及未来分析方法的表征。由于智慧和专门知识的规范性一面特别具有价值，因而额叶也是智慧和专门知识神经机制中一个非常重要的组成部分。

虽然这些问题是人类智力活动的核心，但科学家现在才敢揣摩它们。传统上，人们认为智力的某些方面属于大脑管控的范围，是神经学家可以探索的合法领域，而智力的另一些方面属于灵魂管控的范围，是诗人和牧师的领域且禁止严肃自重的神经学家进入。直到最近，确切地说是一二十年前，认知神经学才甘心于研究这种“合理的”“生活必需的”主题，比如知觉、运动和记忆。人们坚定不移地将智力较难捉摸、较难推测的“人类特有”属性，诸如积极性、判断力、洞察力、道德观等，排除在主流科学研究之外，任何想要把它们带入科学讨论范围的人都会被视作庸医、骗子，或者更糟。这些高尚的心智特性全都归属于科学家移交给诗人的“灵魂部门”。

模糊认知也是这些禁忌之一。人们普遍认为，心理学实验必须完全具备确定性。我记得一位教授曾经告诫我们这些学生：

"必须知道实验对象在做什么。"这意味着要消除实验中的所有模糊认知迹象。但多数现实生活场景是不确定的——它们本质上相当模糊，而你必须在这种不透明的情况下做出重要决策。任何没能成功解释这种模糊性的实验设计都遭到了全盘否定。不幸的是，这就是大脑科学和认知科学直到最近的研究进展。

但最近几十年，禁忌被打破了，如今的严肃科学期刊充满了这样的内容：探索高度模糊情况下意志力、驱动力、判断力、预见力以及决策力的大脑机制。研究人员正在用严谨的认知神经学和实验心理学方法研究诸如意向性、道德行为、品行和移情等人类独有的特质。新概念的创造体现了这一点，它们直到最近还被认为是自相矛盾的、令人愤慨的胡说八道，比如社会神经学（研究社交互动的大脑机制）和行为经济学（研究市场领域的决策心理）。2002年的诺贝尔经济学奖得主丹尼尔·卡尼曼（Daniel Kahneman）是一位心理学家，他和已故的同事阿摩司·特维尔斯基（Amos Tversky）毕生都在研究模糊环境下经济决策的心理学机制（结果证明，通常并不理性）。

所有这些都是神经科学研究新趋势的最好见证。这一趋势甚至已经走得更远。好像"行为经济学"还不够大胆似的，最近我们开始听说神经经济学，它关注关于市场决策的大脑机制的研究以及为此而使用的最先进的功能性神经成像方法。我们甚至听说过神经营销学，它涉及评估大脑对广告的反应以及运用功能性神经成像来认识政治广告在总统竞选活动中如何发挥作用。如果仔细观察这些新发展，你不禁会得出这样的结论：神经科学研究的重点在从描述性知识（是什么）向规范性知识

（我怎么做最好）转移。

认知的描述性（或是事实的）形式和规范性（或是行为中心的）形式紧密交织，在正常情况下协同合作，但它们的区别非常重要，而且不仅是对心理学家和神经学家如此。2002 年，美国最高法院提出了一个我认为是美国司法历史上里程碑式的意见。在裁定一起弱智者死刑判决时，法官表示：个体也许具备了必需的描述性认知（在词义上知道是非之分），但未必具备充分的规范性认知（不能真正用这种知识指导行为）。

传统上，神经心理学家和认知神经科学家几乎完全专注于大脑的描述性机制，也就是真实认知。他们直到最近才转向研究规范性机制，也就是行为中心认知。可以说，塑造了人类大脑结构和能力的进化压力首先要发现“对我最有利的行动方案”，其次才是“发现真相”（后者显然服务于前者），所以，神经学家花了这么长时间才将注意力转向规范性认知的大脑机制多少有点讽刺意味，不过总算是走到了这一步。迟到总比不到好！

这一全新领域的研究重点是大脑的额叶，因为它们包含规范性知识的神经机制。进化最晚、位于大脑最前部的额叶，曾经也是大脑的一个未知领域所在。但随着神经学家开始研究描述性、角色以及行为中心的认知，大家清楚地发现这种认知基本上由额叶决定和驱动。我们在卡伊·沃格利（Kai Vogeley）实验室使用 FMRI 研究额叶功能时，已经阐明额叶对规范性知识所起的作用。

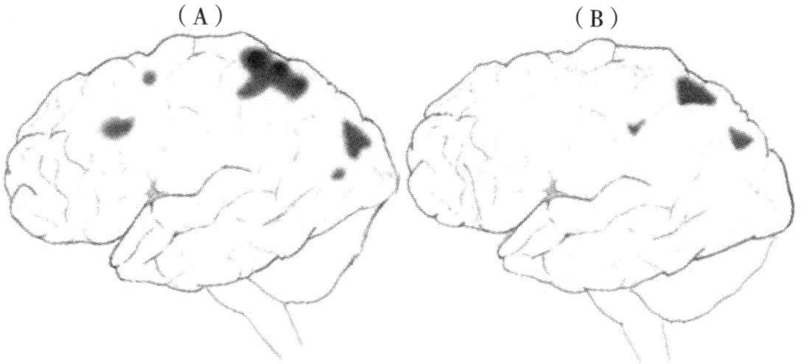

图 12 功能性磁共振成像显示的（A）行为中心过程和（B）事实认知过程的脑激活

（**A**）基于偏好选择的几何形式引起额叶和顶叶的联合激活。（**B**）基于感知不协调选择的几何形式只引起顶叶的激活。由沃格利等人授权许可（2003）。

大脑里的“灰姑娘”

如果说有哪一个脑区得以改变命运的话，那一定是额叶，我们见证了它们从“灰姑娘”到神经科学热门话题的转变。即使是近至 20 世纪中叶，很多科学家仍认为额叶的存在仅是装饰，或者至多是为了支撑头盖骨以防止它坍塌。（尽管他们无视了诸如约翰·休林·杰克逊以及亚历山大·罗曼诺维奇·卢里亚这些预见额叶在人类认知中具有特殊重要性的科学家的先见之明。）

我记得额叶最重要的研究者之一，帕特丽夏·戈德曼－拉基克（Patricia Goldman-Rakic）很多年前曾在哥伦比亚大学的讲座上展示了一张大脑简图。每一部分脑叶上都画有一定数量的火柴棍小人，它们代表科学界对该部分的研究兴趣。在戈德曼－拉基克的简图上，额叶部分的小人数量最少。这个被忽视的脑叶就像“灰姑娘”。

如今，戈德曼－拉基克的小人图肯定需要重新绘制了，为了促成这样的改变，她比大多数人贡献更多。随着神经学家开始探索规范性认知的秘密，额叶几乎是大脑所有功能的核心这一事实也变得明朗，它的影响无处不在、不可或缺。额叶起到的作用非常重要且包罗万象，研究人员通常称之为“元认知”而非仅仅是认知。准确地说，智力的这些最高级别的表现涉及的并不是整个额叶，而是其中一个特殊部分，即前额皮质。

前额皮质的进化相对较晚，只在哺乳动物中发育到了可观的水平，而且只在高级灵长类动物中呈指数级增长。这与前额皮质对心智属性起到的特殊作用相符。无论正确与否，这些属性通常被认为是人类区别于其他哺乳动物的独特之处。

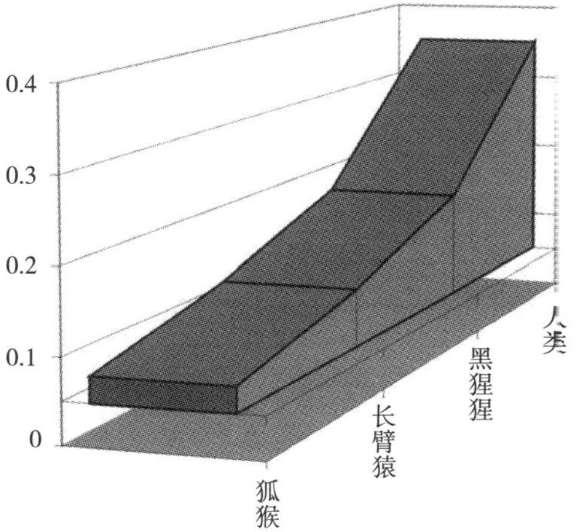

图 13　额叶皮质的进化

数值＝额叶皮质：全部皮质。根据布罗德曼的研究（1909）所绘。

随着神经科学家兴趣的改变，越来越多的注意力被挥霍在额叶研究上，研究界流行用前额皮质来解释一切代表人类精神最高成就的表现，并用华丽的辞藻来描述它的功能。研究权威卢里亚自己都称前额皮质是“文明的器官”，还有人说额叶的进化支配着人类的进化。我也是编造这个神话的人之一，我早先出版的书的封面有点儿半开玩笑地亵渎神明——一张米开朗琪罗《创造亚当》的衍生图，画着上帝通过点亮亚当的额叶来赋予他人性。

虽然这些都是过度拔高，但最新研究无可置疑地表明，前额皮质很重要，甚至可能是认知在个体融入社会方面的核心。功能性神经成像研究表明，当受试者思考道德或社会难题、对他人感同身受，或被要求“阅读他人的思想”（所谓的心智理论研究）时，额叶就会被激活。额叶损伤患者通常令人惊讶地缺乏洞察他人内心世界的能力，他们进行道德推理的能力也相当迟钝。这些患者同样缺乏批判性看待内心世界和外部环境的能力。他们患有一种奇特的疾病失认症，虽然症状和右半脑损伤造成的疾病失认症不同，但后果同样严重。研究表明，罪犯，特别是暴力罪犯，其前额皮质通常异常小或生理上异常不活跃。此外，反社会人格障碍患者的前额灰质数量减少。具有冲动性攻击倾向的人前额激活水平不充分，这通常被称作“前额叶功能低下”。

这是否意味着人类额叶里天生就具备某种“道德知识”或“社会知识”？我们对“万能模块”的天真追求是否会随着包含“道德本能”的“道德模块”的发现而最终得以实现？

事实上，额叶是“道德之所”的说法很流行。但真的是这样吗？我表示怀疑。在了解人类文明史后，我对任何先天道德的概念都表示怀疑。站在一个既不过于浪漫又不过于虚无的立场，我倾向于认为大脑在道德上不可知，至少字面意义如此。对我来说，“道德本能”的概念听起来就像“语言本能”一样异想天开，甚至更为不切实际。我坚信调整人类社会行为的道德规范总的来说是文化构念而不是“固有”构念。

这是否意味着我倾向于否认前额皮质在道德发展中的作用呢？当然不是！我相信前额皮质是道德概念形成的关键，但只是间接的。我们知道前额皮质负责行为的“有序组织”，也就是适时组织行为，并暂时把复杂认知行为涉及的各种心智操作排成有序连贯的序列。这很可能意味着，前额皮质包含建立“前”“后”关系的大脑机制。随后，凭借确立“时序关系”的能力，前额皮质成为下一个抽象概念的关键，建立更加复杂的“因果关系”，也就是原因和结果之间的关系。

发育完好的前额皮质可能是建立“如果……那么……”（“如果 A，那么 B”）一类关系的必备元素。一般说来，只有人类具备把握这种关系的能力，其他灵长类动物没有这种能力。这种能力是很多我们所认为的人类特质的复杂认知技能的基础。语言是其中之一，因为“如果……那么……”结构是复杂语法的基础，而复杂语法是复杂语言的基础。这突显了前额皮质在进化过程中经常被忽视的对语言突现所起的作用，包括儿童语言发育以及日常语言使用。

不过把握“如果……那么……”关系的能力也很可能是道

德发展的核心。将原因和结果联系起来的能力是道德推理和把握道德概念的必要不充分条件。根据我早先的观点，虽然额叶只间接作用于道德推理，且本质上未必和道德相关，但它确实提供了关键的基本构成要素，也就是这些概念发展所依赖的神经生物学基础。

想象替代行动方案后果的能力——“如果我做了 X 而不是 Y，会发生什么”——以及在得出决策错误的结论时后悔的能力，是道德推理最重要的基础。这种“反事实推理”能力的重要性不仅体现在道德范围内，它对每个领域内的合理决策都很重要——经济领域、政治领域或个人领域。如果缺少反事实推理的能力，“从经验中学习”的能力会严重受损，弱化为反复试错。今天我们知道反事实推理能力和后悔体验能力取决于额叶。由娜塔莉·卡米尔（Nathalie Camille）领导的法国科学家小组已经证明，额叶某一部分受损的患者——眼窝前头皮质——在相当程度上丧失了这些能力。

无论如何定义智慧，移情、对他人思想的洞见以及道德推理能力都是它最重要的元素，与有效解决问题的能力地位相当。很多定义里的智慧都隐含整合实际的“角色中心”行动和道德方面“移情驱动”的能力，这符合我对智慧本质的直觉感知。前额皮质的独特作用在于提供神经机制以将这两个元素结合成一个配合良好的决策过程。

今天，我们有充足的理由相信，前额皮质的发育在很多（可能是绝大多数）定义了人类特质的突现过程中发挥着核心作用。这是否意味着这些特质是人类独有的呢？无论人类大脑和其他物种的大脑在进化过程中有哪些差异，我们往往会从自我空想（自私自利）的角度去夸大它。我们必须克制自己不去人格化某些特质，它们也许在人类身上发育到了最高阶段，但从定性意义上看，肯定不是我们独有的。严格来说，也不能非此即彼地区分开来，即绝对存在（于人类身上）或绝对不存在（于其他物种身上）。

以“移情”和“阅读他人的思想”的能力为例。这些值得你称赞的特质，用晦涩的神经学术语来说叫作“心智理论”能力，毫无疑问是人类团结互助的必要条件。功能性神经成像研究表明，这些高级心智特质依赖于额叶。我们自豪地把这些特质分配给人类——晚期智人，而不愿意把它们赠予其他物种。但面对强而有力的证据，我们不得不承认，除我们之外的某些哺乳动物，即类人猿，也初步具备这种能力。我想到一张著名的照片，照片上一只黑猩猩幼崽跑去安慰假装伤心的训练员。

那么我的牛头獒布里特呢？它小时候像所有幼犬一样喜欢溜进卧室的衣柜，咬住一只袜子，冲出房间，然后窝在客厅的沙发上肆意啃咬它。就像所有的小狗主人一样，我追过去夺走了袜子。但过了一段时间，布里特的行为变了。它仍旧奔向我的卧室寻找袜子，但不再把它们带到心爱的沙发上，而是直接叼给我，无论我当时在公寓的哪个地方。

我从未教过布里特这样的行为，然而以它犬类的智力，它一定是猜到了：如果我总是把袜子从它那里拿走，那么我肯定非常需要它们，出于犬类的善良，它觉得有义务把袜子直接叼给我。按照常识性定义，布里特展现了一定的“心智理论”

能力！

更重要的是——我完全是偶然发现的，当我双手捂住脸装作伤心并开始假哭的时候，布里特会变得焦虑，无论当时它在做什么，都会停下来跑向我，然后舔我的脸。但当我假装其他情绪时，比如开心大笑或生气大叫，它就不会这样做。它在区分我的情绪状态时似乎非常讲究，虽然我们甚至不是同一个物种（但肯定是好朋友）。犬类的额叶发育并不完全，但它们无疑具备一部分额叶，足以让布里特初步展现“阅读我的精神状态”并表达同感的能力。

而当我全神贯注地和人谈话、读书或在用电脑工作时，过一会儿布里特就开始轻柔但不停地用爪子挠我。它这么做似乎不是想要什么东西，而是想让我的注意力集中到它身上，我忍不住把这看作初步自我意识的证据，这可能是取决于额叶的发达心智生活的又一个主要属性。

尽管我对布里特感情深厚，但我不认为它是一只“超级狗”，拥有其他犬类或哺乳动物所不具备的独特心智属性。我确信，如果我养了另一种群居动物，像对待布里特那样把它从小养大的话，我会在这种类似进化的过程中得出差不多的观察结果。因此，认为成熟认知的高级属性——移情或心智理论——会像及时雨一样突然出现在进化最终阶段的观点也许是错误的。更有可能的是，它们是在哺乳动物的进化过程中逐渐形成的，而且一旦额叶在进化中“问世”，这个过程就开始了。

和乐队指挥或公司 CEO 一样，额叶的连接能力很强。为了详细说明连接的重要性，让我们想象一名操偶师（额叶），其操控木偶（其他大脑组织）的能力取决于提线的强度，没有这些提线，操偶师完全无计可施。我们知道，这些提线，也就是连接额叶和其他大脑组织的神经束，成熟过程极其缓慢：它们有时候只有在 18~30 岁才能达到运转良好的状态。对其成熟时间的确定，得益于对髓磷脂形成的时间进程的研究。这种白色的脂肪物质会包裹神经通路，从而提高信号沿着通路传递的速度和信度。

确定额叶成熟及其进化过程的另一种方法是研究所谓“梭形细胞”的发育。梭形细胞跨越很远的大脑区域接力传递信息，它们主要存在于眼窝前额皮质。这些细胞在婴儿几个月大时开始出现，到两三岁时数量剧增。梭形细胞特别有趣，因为它们在人类身上非常多，在非洲大猿身上数量一般，在其他物种上则完全没有。这很容易让我们将梭形细胞与意识、意志和智力等其他高级属性联系在一起。

现在让我们退后一步，再次思考 18~30 岁这一时间范围的社会意义。我们之前已经得出结论，18 岁是一个非常有意思的年龄，多数现代西方社会将其视作社会成熟的年龄，视作未成年人向成年人转变的阶段。30 岁（左右）也是一个很有意思的年龄。这是西方社会普遍认同人们身居高位的年龄。如此看来，即使没有神经学家明确的建议，现代社会也已经普遍“发现”，18~30 岁是社会成熟的关键因素的形成阶段。我已经说过，额叶的社会性成熟和生物性成熟在时间上保持一致并非巧合。今天，很多科学家（包括我）相信，额叶的成熟和功能完善是社会性成熟的先决条件。

当然，这并不意味着执行功能会在特定的年龄突然出现，或者会在特定年龄迅速发育完全。和大多数生物及认知属性一样，它们渐进发展，因此对于认知发展阶段的正确提问不应该是“有无”，而是“多少”。

个体差异同样适用于上述问题。和其他心智属性一样，执行功能，也就是依靠额叶的指挥能力因人而异。个体差异的神经心理学研究尚处于起步阶段，但我们广泛接受这样的观点：普通公民的音乐、文学、运动以及其他才能各不相同。虽然在日常生活中经常碰到一些人“有”、一些人“没有”，但这通常不是“有无”的问题，而是“多少”的问题。

与其他的生理特征一样，如身高、体重、眼睛和头发的颜色、肺活量以及标准血压，我们的大脑也存在个体差异。一个人究竟拥有“多少”才能，在很大程度上取决于大脑的个体差异。

这一普遍假设同样适用于执行功能。近来流行的术语“情感智力”虽然捕捉到额叶的部分功能，但并非所有。在某种程度上，我们发现“执行功能”的概念很有用（实际也是如此），而“执行智力”的概念可能更合理。额叶的各种功能，比如规划、预见、冲动控制、移情和“心智理论”，往往会表现为一个紧密结合的整体。它们统一行动：对所有神经系统完整的个体来说，它们要么全部发育得很好，要么全部发育得一般，要么全部发育得很差。术语“执行智力”包含了额叶的所有功能并反映了它们紧密连接的程度，它也揭示了心智生活其他方面同样存在的个体差异。

任何复杂的现实情况都需要调动由额叶控制的执行功能，

可能一个任务不需要调动全部功能，但需要调动其中的重要部分。为了更好地理解额叶如何引导现实行为，假设一个中年男人打算写一本书，他不是职业作家，使用的语言也不是母语。这使他面对写书过程要比其他时候更为审慎，而且为了弥补明显缺陷，我们的作者极为依赖他的额叶。

写作风格各不相同。我听几个作者说过，除非真正落笔在纸上（或在电脑上），否则他们也不知道自己会写出什么。这种情况下，思考和写作会交织成一个流畅的过程。但我们假想中的作者的写作方式会与此全然不同。他在写之前会先打腹稿。每天，他会花相当多的时间牵着自家温顺的大狗在中央公园闲逛，看上去可能像是无事可做，锻炼身体。但他并非无所事事，他在真正动笔前始终思考着图书大纲和各个章节。他首先制订一个总体计划，随后按照计划执行，这样，他的额叶就开始运转了。由于提前制订行动计划的能力受控于前额皮质，它在我们的作者领着他的狗从草莓地漫步至毕士达喷泉期间，一定非常忙碌。写作风格带来了一种非常奇特的加工手法，它更像是雕塑而非书写。我们的作家首先在头脑里形成一个大致轮廓，然后写出章节架构，最后才对每一章进行润色，使之相对完整。这个过程不是从第一章到第二章再到第三章线性排列的，相反，该过程是有层次的：从非常粗略的大纲到章节架构再到填充内容。相比文学创作来说，该过程更像是建筑设计。这种通过计划自上而下、层层推进的能力同样由额叶控制。

从本质上说，写书的过程综合了多门学科，包括生物学、心理学和历史学。这意味着对书的每一个部分来说，作者都必须调用他在 50 多年的生活中所积累的知识库的一部分。他这么做时相对自然而不费力，但他的额叶在非常忙碌地运转着，因为它得指挥大脑的其他构成选择的行动。

作家肯定希望未来的读者能把书读完，这意味着书不能太长，否则就增加了读者选书的难度。作家不能把他掌握的所有相关知识都塞进书里，必须要设法优化。如此一来，作家就得调用某种内部编辑器，允许在书中写入某些信息，同时排除其他不太重要的信息。额叶的负担由此变得更重，因为它们就等于内部编辑器。

随着作家逐章写作，主题也从生物学转到心理学、历史学，然后再回到生物学，如此等等。作家之所以能相对平顺地从一个主题转到另一个主题，仍要感谢他的额叶，因为掌控心智灵活性的是前额皮质。

和多数作家一样，我们的作家渴望介绍一些新的、原创的、以前没人说过或写过的东西，他想要创作新内容，但很少有什么是全新的。在大多数情况下，新内容总是与旧知识有关。如何创造这样的新内容呢？靠的是用新颖的方式构建旧知识的碎片。旧元素，新构建，在过去没有先例，因此并不会完全对应作家头脑里先前形成的心理表征。用已有的心理表征元素组装一个新的心智模型和单纯“访问”已有的心理表征截然不同，这种情况类似于在综述论文或百科全书里列出确定的信息。前额皮质再次参与进来，因为它在“和心理表征协同合作”的过程中发挥着独特的作用——根据新需求对它们进行重新排列和配置。

每个作家都希望读者喜欢他的书，觉得它有趣而富有启发，我们想象出来的这位作家也不例外。为此，他必须进入读者的思想，切换立场，为读者着想，在自己的大脑里呈现出读者的内心世界。当作家因为“乏味”而删除一个段落，或是因为“有趣”而增加一则轶事时，他是站在读者的立场。他试图读懂假想中的读者的思想。我们知道，这种能力主要依赖额叶。

最终，书稿完成了，至少在某种程度上。幸运的是，我们的作家遇到了一位优秀的编辑，他用建设性的挑剔眼光核查书稿，这位编辑的工作同样受到额叶的指导——但是，是编辑的额叶。

额叶和心智衰退

编辑比我们假想中的作家年轻 20 岁也许是件好事，因为我们已经知道，额叶不幸比其他大脑组织更容易受到老龄化的影响。但额叶的易损性并不意味着规范性智慧或规范性知识会随着年龄增长而消失，也不意味着所有人的额叶都会同步退化。杰奎因·富斯特提出，前额皮质存储应对各种情形和解决各种问题的一般心理表征。他将它们称作“语义执行记忆”和“行动概念记忆”。由于这些记忆的普遍性可能不同，因此它们的组织有层次之分。和其他一般记忆一样，执行一般记忆相对不容易受到脑损伤的影响。这使得一名年老的公司 CEO 或一名年老的政治领袖能够保持有效执行力，尽管他们在做心理运算时已经存在某种认知衰退。（想想温斯顿·丘吉尔，虽然他无法集中注意力，但制定战略决策时仍然无懈可击。）

那些拥有“执行智力”的人在面对新情况、寻找最佳行动方案时具备相当明显的优势。因此，随着年龄的增长，他们可能建成了一座装满“一般执行记忆”的大型“神经图书馆”，这些关于过往难题成功解决方案的记忆以吸引子的形式，全部或部分存在于额叶之内。他们的“神经图书馆”比大多数人的要大。因此，他们特别有可能找到新难题的有效“执行”解决方案，方法是琢磨它们与先前通过快速执行模式识别解决的旧问题的相似之处。虽然不完全相同，但“情感智力”和“执行智力”密切相关。到一定程度，情感智力也会在大脑里拥有一个确定的位置，这就是额叶。而存储在额叶里的执行记忆受情感智力的影响。

和老化的其他方面一样，额叶的老化率也因人而异。功能完善、寿命更长的额叶可能是老年阶段保持健全心智的关键。那些额叶运转状况良好的人，年老时保持神志清明的可能性最高。事实上，研究表明，那些生理功能更为健全的老年人拥有更为活跃的额叶。

即使如此，老龄化造成的额叶衰退主要影响的可能仍是为新情况找到“执行”解决方案的能力。但每个人对新旧的看法并不相同。由于大多数新情况在某种程度上都能和先前的经验产生共鸣，因此尽管额叶退化，至少在一定的时间内，建立了一座巨大的“一般执行记忆”的“神经图书馆”的人，可能仍然是卓有成效的问题解决者。

在接下来的章节里，我们会讨论心智活动和心智运用如何增强潜在神经组织。额叶也是其中之一。因此，终身执行复杂决策的人年老时，要比早年执行相对一般的决策的被动“追随者”，更有可能保持额叶的神经完整性。

将执行能力和执行智力从柏拉图的精神领域拉回生物学大脑领域意义重大。不久前在接受《哈佛商业评论》采访时，采访者问我执行能力是否能培养以及如何培养。这个显然特别吸引企业高管的问题，应该也会引起公众的兴趣。无论从事什么工作，我们在个人生活的管理中都或多或少面临着决策“执行”。

我的回答有所保留。也许人们可以培养执行能力，搞清楚怎样培养也很重要。但能认清它在一些人身上天然存在，在另一些人身上天然缺失同样重要。和心智的其他生物学基础属性一样，执行能力并非人人都有。相比默认每个人都能轻易培养执行技能，企业领导人应该学习体育教练、舞蹈编导和音乐教师的惯常做法：寻找有天赋的人，将精力集中于指导天才，而不是浪费在所有新人身上。他们知道精明的选择是成功的关键。

这无疑引出了下一个问题：你该如何寻找天才？回答相反的问题可能更容易。比如，智商测试并不能找到天才。事实表明，最成功的企业高管通常智商并不特别高。他们的智商处于所谓的“高于平均水平至卓越”的范围，虽然值得敬佩，但没有超过预期，还差得远。与此类似，额叶严重受损（由中风、脑外伤或其他神经疾病导致）的病人往往维持了正常的智力水平，尽管他们执行有意义的行为的能力已完全被摧毁。

读者读到这里，也许已经充分理解了执行功能的复杂性。鉴于它多方面的性质，用单一的标准去衡量显得既不可能也不现实。我们需要采取多种措施，分别检测计划能力、注意力集中、心智灵活性、移情、应对新奇事物的能力，以及站在他人立场的能力等。

站在他人立场的能力尤其有趣。我们先前已经了解并认定，就连我的狗布里特，都在某种程度上拥有这种能力，人类的这种能力肯定更为强大。洞察他人思想的能力在利他、合作和对抗的情境下同样重要。你也必须洞察他人的思想，才能当好朋友或竞争对手。长寿、成功的人通常都能做到上述两方面。

无论哪种方式，洞察他人思想的能力肇始于对他人的思想感兴趣。这种说法的重要性不可低估。我坚信对他人思想感兴趣是执行智力最重要的先决条件之一。

我不知道有什么特别简便的方法可以用来测试对他人思想的好奇心这一心智属性，但我认为它非常适合于自然观察。和别人在一起的时候，你总是滔滔不绝地说个不停，还是时不时提几个问题？在我看来，后一种行为类型展现出执行智力的潜力，而前一种行为类型，无论多么自负或自大，都表明执行智力不可救药。

根据个人经验，我印象中特别精明和富有洞察力的人往往会从你身上获取最多的信息，而不是炫耀自己的知识或聪明让你眼花缭乱。我们都遭遇过这样的情况，一些人自我炫耀到滑稽的地步。我曾目睹无知的人在经验丰富的外交官面前阐述世界观，在成就颇丰的音乐家面前发表对音乐的看法。我也遇见过在我面前自以为是的人，他们只不过在俄罗斯有过为期 5 天的旅行，就以一种权威的口气评判这个国家的命运。对于谈话的各方来说，这多么浪费时间啊！但是又有什么用呢？

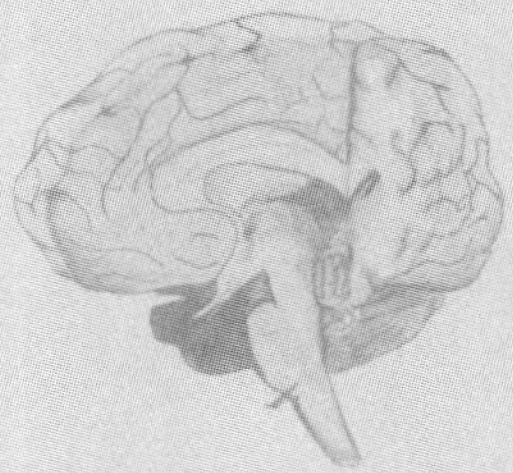

二元大脑：新奇与常规

第 10 章

二元性之谜

令科学家捉摸不透的额叶是大脑坚守自身奥秘的所在。多年以来，最吸引人们的还是大脑的二元性之谜——无论是在科学界还是在新闻界。为什么大脑由左右两部分组成，它们有什么不同？这是我们读懂和理解本书试图阐述的心智特质的核心。

天才和智慧、才华和能力，这两对特质同样令人敬畏，但又截然不同。我们知道它们并非“连体儿”，你可能具备其中一种而缺少另一种。我们也知道，它们的峰值表现对应不同的年龄段：年轻人往往更有天才和才华，老年人通常更富智慧和能力。

这两类特质如此紧密相联又如此各自为政，它们的大脑机制是什么？它们在大脑中如何互相参照和联系？我们现在就来研究这个问题。

如前所述，能力及其最高形式——智慧——取决于包含描述性信息和规范性信息的可用模式。这些模式能让我们将看似棘手的新问题识别成过去遇到的、已经解决的问题的变体。

但当你面对的情况和大脑存储的模式丝毫不符时会发生什么呢？基于之前的讨论，我们已经知道模式的形成是一个长期复杂的过程，不能简单地以“是 / 否”来进行二元区分。这意味着一种模式可能已经部分形成，也可以被部分使用。我们稍后再讨论其中的微妙之处，现在为了清晰起见，让我们先考虑一个简化的可能性范围。假设一个人遇到了一个问题，暂且不论其认知体系是否找到了相应的模式，或者按斯蒂芬·格罗斯伯格的说法，不论先前形成的吸引子是否产生了“自适应共振”。现在我们要考虑两类情况：熟悉的情况和陌生的情况。大脑如何应对这两类挑战呢？

让我们进入大脑半球探索二元性的奥秘。二元性是大脑最根本、最普遍的属性之一，它渗透在大脑各处，从脑干到新皮质。每一个组织、胞核和神经通路都具有二元性。过去，我们认为这种二元性是为了体现完美对称。现在，我们知道大脑的对称只是粗略和局部的。没错，大脑的对称性高于非对称性：相比两个完全不同的主题，将大脑的两个半球理解成同一个基本主题的两个变量更好。而且，大脑的两个半脑也不能离开对方独立运转，它们在每一个层面都通过丰富的神经通路相连，包括皮质和皮质下结构。就皮质而言，连接左右半脑的神经通路形成了一个叫作“胼胝体”的大型组织。胼胝体和其他神经通路能确保左右半脑持续进行交流，或者进行无数平行的交叉对话。

从根本上说，大脑的运转基于一个整体而不是两个分离的部分。但这种统一是相对的。我们将看到，左右半脑在结构和生物化学方面的微妙差异会转化成它们之间重大的功能区别。

只有少数大脑组织逃过了二元性规则，包括内分泌腺、松果体和脑垂体，后两者是深埋在大脑中间的胞核小集体。松果体独特的单一地位——与二元性截然相反，使得 17 世纪伟大的哲学家勒内·笛卡儿宣称它是身体和心灵相遇的地方，希望以此解决他所创造的身心二元论难题。今天，我们知道松果体起到的作用要小得多，但并非不重要，它生产褪黑激素并协助调节睡眠周期。另一个逃过二元性规则的大脑组织，也就是脑垂体，负责分泌和释放各种激素。

很少有话题比大脑的二元性更加引人关注，更能激发稀奇古怪的猜测。为什么我们需要两个大脑半球？为什么两个比一个好？多年来，研究人员提出了许多理论和假设来解决这些问题，但总会出现相反的证据挑战它们，而且经常能战胜它们。

语言和大脑：误解的根源

对左右半脑功能的探索，一直以来受到一些公认假设的主宰。第一个假设是，差异仅限于皮质，也就是大脑半球。第二个假设是，这些差异只和大脑的功能相关，左右半脑在结构上和生物化学上是相同的。第三个假设是，左右半脑的差异只存在于人类身上，其他物种的左右半脑在结构上、生物化学上和功能上都是对称的。

事实证明，这三个假设与其说是澄清了真相，不如说是掩盖了真相，而且最终都被证明是错误的。这反而促使神经心理学和认知神经学修正了一个最为根深蒂固的信条：语言和非语言功能的区分是左右半脑的本质差异。

为了找到这种误解的根源，我们需要研究某些关于语言以及左右半脑的事实。大家早就知道，左脑在语言中起到的作用要比右脑强,因而被称作“语言优势半脑”。相关证据非常充分。在成年患者中，中风、脑外伤或其他脑损伤都会破坏语言功能，在伤及左脑时会造成“失语症”，在伤及右脑时则不会。（我们很快就会了解，儿童患者的情况远没有这么清晰。长期以来，大脑两半球功能特化理论学家忽视了这一现象的重要性。）

通过神经外科手术对左颞叶进行电刺激，会使病人产生类似幻觉的语言体验：病人确实能听见声音，而且是可理解的词语甚至短句。听觉幻觉在精神分裂症里十分常见，通常也表现为符合语法规则的言论而不是莫名其妙的声音。这可能反映了左脑比右脑更容易受精神分裂症影响的事实。受控于左颞叶的癫痫发作会产生相似的听觉幻觉（这就是为什么颞叶癫痫有时会被误诊为精神分裂症的原因）。

左利手的儿童比右利手的儿童更容易患上一种语言发育障碍——失读症，这可能反映了左脑的早期损伤及其导致的惯用手转变（一种常被称为“病态左撇子”的现象，用以区分天生遗传的左撇子）。如果说左脑的功能失调造成了失语症（语言口吃障碍），那么左脑体积异常增大则关系到一种古怪的多语症，这种鹦鹉学舌似的长篇大论常见于威廉斯综合征。所有这些证据都指向左脑是产生语言的“所在”。不过，证据基本上来自成年患者，因而扭曲了大脑半球特化的全景，也掩盖了它一些非常重要的方面。

相反，右脑损伤则被认为会削弱不依赖语言的心智过程，比如面部识别障碍（“脸盲症”）和音乐欣赏障碍（“失音症”）。

这些和其他类似的发现形成了有关左右半脑功能差异基本

性质的主流假设。由于语言在人类社会的重要作用，术语“语言优势半脑”被简缩成“优势半脑”，这就暗示了左脑在某种程度上更加重要。相比之下，右脑通常被称作“次优势半脑”，暗指其较低的地位和较高的可忽略性。即便在今天，外科医生在给左脑动手术时非常谨慎，但在给右脑动手术时往往更加漫不经心。

注意，这些重要对比——被视为抓住了左右半脑之间的功能差异——并非发生在听觉信息和视觉信息之间，而是发生在基于语言的过程（比如说和写）和不涉及语言的过程（比如听觉和视觉）之间。[①]

但即使是这种过分简化的理解，也进一步沦为了只言片语，可以说是过分简化。它渐渐发展成了左脑是语言半脑而右脑是视觉空间半脑的观点。很多研究大脑的科学家，以及很多治疗脑疾病的临床医生、心理学家和内科医生在概念上可能仍旧认同这种观点，因为最先进的知识通常要用很多年的时间才能慢慢进入临床领域。但它显然是错误的。新的科学证据对这种观点提出了质疑，迫使我们去采用一种全新的方法来理解大脑的二元性。

我会解释一下原因，但不会讲太多技术细节。和很多其他研究一样，我们在探索左右半脑差异的过程中，清晰的思路和

① 人们仍旧无法理解，口语和书面语在根本上同根同源，并且在很大程度上受相同的脑组织调节。这导致教育学习障碍领域出现了各种各样的误解。例如，人们普遍不知道，大多数失读症（阅读障碍）从属于语言障碍症（口语障碍）。这反过来造成了被误导的诊断和矫正。

逻辑推理往往比晦涩的技术知识更具指导性。逻辑推理表明，语言和非语言心智过程的区别，只对拥有语言能力的生物有意义。人类是唯一具备这种能力的物种，至少在狭义的语言上如此。因此，语言和非语言之间的功能区分也只对我们有意义。事实证明，这种必然结论引发了一个巨大的理论及经验问题，几乎是为语言敲响了丧钟——大脑半球特化的视觉空间理论。

事实上，长期以来的主流假设一直是：只有人类的大脑才存在左右半脑的功能性差异。这种假设符合逻辑、合情合理，至少表面上如此。但另一种假设同样根深蒂固，即使表面上讲不通，很多科学家也对它不甚满意。这种不合情理的假设是：人类大脑的左右半脑在结构上和生物化学上均是彼此的镜像。这一观点让科学家备感困惑，原因很明显：左右半脑之间的功能差异必须具备一定的物质基础。这种结构上完美对称的流行假设不但匪夷所思，而且违反常识，它意味着两个完全相同的结构将产生两种截然不同的功能集合。

出于强大的神经影像技术的推动，许多优秀的神经学家开始研究大脑左右半脑的结构性差异，以此解释其功能性差异。由于当时进行这种研究的动机是解释左脑和语言之间的联系，因此研究的重点集中在大脑的“语言区域”。早期的大部分研究主要是诺曼·贾许温德（Norman Geschwind，可以说是北美行为神经学之父）及其同事对语言皮质区进行的高精度测试。

此后不久，研究结果就显示出了左右半脑的结构性差异。大脑中有两个区域对语言特别重要：负责语音辨别的“颞平面”和控制语言清晰度的“岛盖部”。在右利手个体当中，两者的左脑部分都比右脑部分要大。还有什么能更好地解释左脑的语言主导权呢？

但很快，研究人员发现，在类人猿的大脑里，这些组织的分布也是左边大于右边，类人猿并没有“语言”（尽管在 20 世纪 80 年代，科学家教会了明星猩猩可可使用简单的信号语言）。此外，古人类学通过对颅腔模型（颅骨内侧表面的印记）的研究表明，南方古猿已经具备一个不对称的大脑。随着研究的进行，科学家找到了左右半脑之间的很多其他差异，包括大脑形态和大脑的生物化学过程，它们没有一个是人类独有的。左右半脑之间的这些差异把我们和其他物种联系在一起，而不是把我们区分出来。我们和其他灵长类动物共享其中的大多数差异，而且有些差异甚至存在于诸如大鼠和小鼠之类的低等非灵长类哺乳动物之中。

人类和其他物种的大脑都显现出左右半脑的差异。这包括从大脑的鸟瞰图（“总体神经解剖”）到分子的所有层面。在总体神经解剖层面，这些差异指的是右脑拥有更大的前突触，而左脑的后突触更加明显 [所谓的“雅克夫列夫转矩”（Yakovlevian torque）]，以及颞平面和岛盖部大小不同（左边更大）。在更为精细的大脑结构层面，左右半脑的皮质厚度有所不同（右脑比左脑更厚，起码男性是如此）。在最精细的微观结构（用科学术语来说叫“细胞结构学”）层面，左右半脑的梭形细胞数量不同，右额叶的梭形细胞数量要远远多于左额叶。在生化神经通路层面，左右半脑的差异主要体现在多巴胺和去甲肾上腺素上，两者均是在大脑信号传输中起关键作用的化学物质（神经递质和神经调质）：左脑的多巴胺通路稍多一些，右脑的去甲肾上腺素通路（去甲肾上腺素能神经）稍多一些。最后，在分子层面，天冬氨酸受体的微观亚基在左右海马体的分布并不对称。天冬氨酸受体对记忆和学习有着重要作用，因为它们能通过谷氨酸的调节在神经元之间传输信号，谷氨酸是大脑里最普遍的一种神经递质。我们知道，海马体是对记忆特别重要的大脑组织。而且毫无例外，我们和其他哺乳类动物都存在这些海马体。

因此，原本有希望提供答案的解释很快变成了困惑之源，换个角度来看，假如你相信不同的功能具有不同的结构，那么不同的结构就对应着不同的功能。但就黑猩猩或大猩猩而言，更别提大鼠和小鼠了，功能上的差异并非语言和非语言的差异。尽管我们感叹其他哺乳类动物的心智水平，也认识到它们所具有的复杂的交流方式（例如狼的嚎叫和鲸鱼的歌声），但这些并非语言！

当然，那些深信动物也有语言的固执的浪漫主义者可能对我的观点不屑一顾。他们甚至可能推翻我的观点，其他物种也存在海马体差异，这相当于证实了动物也有语言的结论。如果是这样，他们最好做好将这个观点发扬光大的准备。阿尔贝托·帕斯夸尔（Alberto Pascual）及其同事最新的研究证明，大脑的不对称也存在于一群果蝇身上，这使它们明显优于大脑对称的果蝇。两类果蝇都能形成短期记忆，但只有大脑不对称的果蝇能有效形成长期记忆。因此，大脑不对称似乎是物种演化史上一种非常基本的古老策略，要比语言的出现早数百万年。除非你相信果蝇也有语言！

越来越明确的是，我们需要一个新的概念框架转变我们对大脑二元性的思考。大量新发现必然会让研究人员开始探索新范式。左脑对语言的支配地位无可争论，但如何用这个事实解释左右半脑之间的差异值得商榷。看起来，左右半脑在语言中的不同作用，只是某些更基础但还未被发现的差异派生出的一种特殊情况，在人类和其他物种身上观察到的这种差异都有意义。这种差异是什么呢？

情况常常如此，当严谨的科学迷失方向，人们就会随意用简易的比喻填补空白。人们提出了许多广泛流传的说法；左脑是“连续的”，右脑是“同步的”；左脑是“分析性的”，右脑是“整体性的”。这些说法的问题在于，它们只是比喻，是诗化的称谓而不是科学的工具。我们几乎不可能通过明确的实验去检测它们，或者用卡尔·波普尔（Karl Popper）的名言说，去“证伪”它们。科学无法证实这些说法的真伪，即使大体上也不能，它们的随意性足以让德尔斐神谕蒙羞，也不能作为真理被接受。因此，比起严谨的科学论述，这些笼统的说法在大众媒体领域更受欢迎。科学的探索必须继续下去。

一种新范式：新情况和旧情况

我对大脑二元性的兴趣在一个和当时神经学主流理论截然不同的理论中达到顶点，它关注的是新旧差异。我认为，要想理解左右脑的不同，必须采取一种动态的方法研究大脑的活动过程而不是观察其静态结构。我们的心智生活永远处在不断的变化之中，而“学习”是关键词。我指的学习远非课堂练习，而是指理解外部世界的过程——以及内部世界，包括各种丰富、多样的表现形式。这种学习通常不会像奇迹一样突然发生，也不是从无知到完美认知的突然转变，它通常是一个过程。

我断定左右半脑在这一过程中起到的是不同但互补的作用，而且在认知新旧事物的过程中，左右半脑的分工是不同的。右脑负责认知新事物，大胆且敢于冒险，是未知和神秘领域的探索者。左脑储存知识和稳定的模式识别装置，使个体能够高效处理常规的情况。

早在 20 世纪 60 年代末，我就有了新奇 – 常规二分的想法。当时我还是一个初出茅庐的神经心理学助理，和亚历山大·罗曼诺维奇·卢里亚在莫斯科布尔登科神经外科研究所一起工作。就是在这里，我发现了儿童左脑损伤的破坏性影响远比成年人要小，而右脑损伤的破坏性影响远比成年人要大。我认为，如果这些观察结果是准确的，那么它们的应用范围将相当广泛。它们表明了在认知发育的过程中，认知控制明显经历了从右脑转移至左脑的过程，这种转移可能会贯穿一生。

但这些观察结果在当时仅仅是一些有趣的临床观察，缺少扎实可靠的理论依据。无论是证实还是驳斥这一观点，显然都需要更加系统的证据。科学界经常出现这样的情况，一个具有启发性的发现会成为系统化研究的出发点。但我不得不暂停了这样的研究，因为要谋划逃离苏联来到纽约安家。

右脑更适合处理新情况而左脑成为常规心智知识库的原因，肯定和它们之间微妙的结构差异有关。基于最新研究，我的结论是，左右半脑之间存在两个微妙但影响深远的结构差异。

第一个差异和不同类型的皮质在半脑表面的分布方式有关。右脑似乎偏爱多模态联合皮质，左脑则更喜欢特定模态联合皮质。这两类皮质都参与复杂信息的处理，但方式不同。特定模态皮质仅限于处理通过一个诸如视觉、听觉、触觉之类的特定感官系统到达的信息。特定模态皮质将我们周围的世界拆分成不同的心理表征。打个比方，你可以想象一个三维空间中的物体投射到 x、y、z 坐标，从而形成三部分表征：这就是特定模态联合皮质处理输入信息的方式。相反，多模态联合皮质负责整合通过各个感官渠道到达的信息，将我们周围的多媒体世界合成图像，重新组合在一起。

第二个差异和左右半脑不同皮质区的连接方式有关。左脑似乎倾向于邻近皮质区之间的局部连接。相反，右脑更喜欢遥远皮质区之间的远程连接。左脑的连接性更像出租车：你乘坐它们从城市的一头到另一头，但不会从大陆的一端到另一端。右脑的连接性更像飞机：你乘坐它从大陆的一端飞到另一端。从这个观点出发，梭形细胞的故事尤其有趣。你可能还记得我们在前一章提过，梭形细胞负责在分隔很远的大脑区域之间传递信息。在我们研究过的所有物种中，梭形细胞在右脑中的分布都远远多于左脑，这与本章提出的半脑连接性的观点相符。

显然，新奇－常规理论范式主要适用于右利手个体。大多数大脑半球特化研究的对象都是右利手个体。因此，左利手个体的大脑半球特化研究目前仍只是一种猜想。对于那些习惯使用左手和两只手都灵巧的个体来说，大脑半球特化的差异并不明显。有趣的是，随着雅克夫列夫转矩的减小或完全消失，它们在结构上也更加相像。有 60%~70% 的左利手个体大脑半球特化的轮廓与右利手个体的近似。合理的假设是，右脑负责认知新事物，左脑负责常规认知，而这些人的半脑动态是从右向左。有 30%~40% 的左利手个体，大脑半球特化的轮廓大致与右利手个体相反。也许我们可以得出以下推论，这些人的左脑负责认知新事物，右脑负责常规认知，半脑动态是从左向右，而不是从右向左。但随着时间的过去，大脑半球的动态可能会依据惯用手而改变，不过一半大脑负责认知新事物，另一半大脑负责常规认知，这一点依旧有效。

新奇－常规假设的意义更为深远，它们完全推翻了人们以前对左右半脑作用方式的认知。完全不同于认为大脑半球的功能是固化的，新奇－常规假设预示着左右半脑之间的联系是持续变化的。今天的新情况到明天会变成旧情况，今天要费尽脑力解决的问题总有一天能通过模式识别立即解决。新奇－常规假设还对传统神经心理学的另一个默认信条提出了挑战，即人类大脑的功能性组织都一样。但对一个人来说全新的情况，对另一个人来说可能很熟悉。因此，新奇－常规假设意味着人类大脑运转方式中存在的个体差异要比以往想象的程度更高。

我的想法可能是错的。事实上，起初我自己都半信半疑，怀疑它的准确性。但它肯定符合波普尔的可证伪性原则（可证伪性是所有严肃科学的必要条件），这使它得以区别于当时流行的很多其他大脑半球特化理论。我的想法能推断出简单明确的可证伪结论。如果它不成立，整个理论就会像纸牌做的房子一样坍塌。任何一个形成新模式的过程——无论它是描述性的（学习新概念）还是规范性的（学习如何解决一类新问题），都必须先调用右脑然后再调用左脑。这种“心智重心”的转移一定是渐进的，而且其转移的方向一定是高度可预测的、有规律的和定向的：从右向左。

我的观点中还有一个值得关注的地方——也是非常重要的一点，因为突然涌现的证据表明，人类以外的其他物种的大脑同样不对称——新旧之别不仅对人类有意义，而且对所有具有学习能力的动物都有意义。动物也能形成模式识别机制以应对生存环境。我的牛头獒布里特会响应任何一名办公室职员发出的熟悉命令（“坐下”、“过来”、“下来”和“不行”），尽管其实是我教会了它这些。它也知道不能进入公寓的某些区域，比如厨房或浴室。

布里特还掌握了一种辨认看门人的奇特本领。在我们居住的曼哈顿中城，很多看门人会给附近的狗狗扔饼干吃。布里特会在任何一个看门人面前停下，即使它遇见的是一个特殊建筑入口的特殊看门人。它蹲在好心人的面前，朝他投去渴望的眼神，一动也不动，等着他的饼干。它只有面对看门人时才会表现出这种行为。我至今也没搞清楚它究竟是如何区分看门人和其他人的，但它的确能做到，这是人类以外的其他物种也能掌握自学模式的有力佐证。

我举了那么多狗狗模式识别的例子，是因为我对这类动物了如指掌。毫无疑问，很多其他物种中也存在相似的例子，因为它们也能分辨出新奇的和常规的事物。因此，新奇－常规假设至少原则上可以揭开哺乳动物进化过程中大脑二元性的秘密。探索理解人类自身的道路听起来可能还很遥远，大脑二元性如何适应进化过程是认知神经学面对的最根本也最难解的谜题之一。与基于语言－非语言差别的大脑理论相比，新奇－常规假设看起来能使我们更接近谜底。

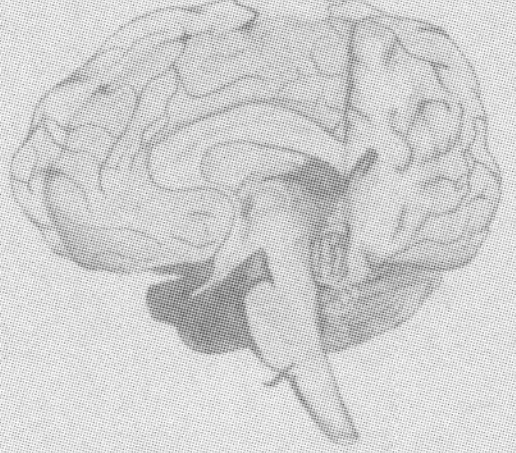

运转中的大脑二元性

第 11 章

所有模式存于左脑

随着新奇–常规假设持续在脑海里定形，我既为它沉迷又因其大胆而略感恐慌。我觉得我需要用事实来验证，于是找到了年长的同事兼我的密友，神经心理学家路易斯·科斯塔（Louis Costa）。我们一起设计了几个实验，确保它们能够经受得了波普尔式的严格证伪考验。

在科学领域，没什么比敢于提出一个逻辑清晰却有悖于常规的假设更令人兴奋的事了——可以这么说，不要害怕冒险，也许能侥幸成功。对自己的假设抱有希望时，也要提醒自己保持怀疑精神，以便假设不成立时太过失望。对科学家来说，公众的认可和赞誉纵然令人喜悦，但没什么能比得上勇于考验自己并通过这种考验更让自己感到骄傲，至少对我来说是这样。

早期的结论基于两种观察结果。第一种是对比左脑受伤的病人和右脑受伤的病人心智功能受到的影响。第二种是使用当时具备的实验设备对健康个体进行研究：一种记录视觉过程的叫作“速示器”的灯箱和一套记录听觉过程的耳机。这些方法在 20 世纪 60 年代、70 年代和 80 年代比较常用，但它们的实验结果粗糙且不精确。回想起来，我有时会把那段时间称作“旧石器时代”——与其说是认知神经学的历史，不如说是史前。

让我们惊讶和高兴的是，我们的假设经受住了考验。因为对结果不太满意，我们继续进行了更多的测试，同样成功了。今天的科学研究越来越依赖团体的努力，运转起来像一条高科技组装线，常常缺少独自探索时代那种思路豁然开朗后纯粹的兴奋和满足感。但那一刻我体会到了纯粹的快乐，它也是我职业生涯的巅峰一刻。1981 年，我们终于信心满满地发表了理论，写了一篇题目晦涩、没准儿反映我当时俄语口音的论文，叫作《描述性系统习得和使用中的左右脑差异》。

心智控制自右脑向左脑的转移看上去越来越像一个普遍现象，它抓住了每一个时间尺度上的每一个学习过程的本质，从以小时为单位到以年为单位。个体在面对一个真正意义上的新情况或新问题时主要依靠右脑进行处理。但一旦个体熟练掌握了这种情况，左脑的主导作用就变得明显起来。这看起来像是抓住情况本质的赋权模式一旦形成，就会存储在左脑里。

新出现的证据甚至对神经心理学最神圣的信条提出了挑战；任务是否涉及语言似乎无关紧要，新旧任务的区分才最重要。一项有些不寻常的词语任务（比如找出单词里出现的某些字母，或是将动词和名词配对）调用右脑要多于调用左脑。尽管按照旧时规则来说，任何涉及语言的任务都应该调用左脑，但随着对“不寻常”的任务变得越来越熟练，左脑的参与度越来越高。相反，一项和我们日常语言使用方式更为接近的词语任务从一开始激活的就是左脑。

同样，一项熟悉的视觉空间任务（比如识别熟人的面孔）主要占用左脑——尽管按照旧时规则来说，任何视觉空间任务，包括面部识别，应该主要占用右脑。相反，对比陌生面孔的照片这项任务主要激活的是右脑。以此类推。

最近，强大的功能性神经成像方法变得可用，它们彻底改变了大脑研究。以纸笔为工具的低技术含量的神经心理学中出现了诸如 PET、FMRI 和 SPECT 之类的高科技术语，以及各种形式的先进脑电图扫描法（比如 MEG，或是和复杂决策有关的“伽马频率”记录）。这些方法建立在不同的物理原理上，但都能让我们直接观察运转中的大脑活动。由这些方法得到的信息是“肉眼可见的”，是对正在运转的大脑的总览，而不是放大。我们无法从中看到单个神经元或单个神经回路的活动。尽管有所限制，但这些方法确实能让我们辨别兴奋的脑区以及各个大脑组织会在什么条件下变得活跃。

新的功能性神经成像法让我们能够更直接、更精准地研究大脑动态以及大脑活动在一段时间内的改变。在过去的几年里涌现出的更多信息，进一步澄清了在学习过程中左右半脑各自的作用。新方法支撑了这样的结论：“认知重心”从右脑向左脑的转移是一条不可侵犯的普遍原则，适用于从语言到视觉空间的各种认知任务，也适用于从数小时到数年的时间尺度。

这种转移可以通过一项持续数小时的实验证明，它要求实验对象学习以前不熟悉的各种任务。不管任务的性质如何，右脑总是在缺乏经验的个体学习认知技能的早期阶段占据主导，但随着对任务掌握程度的提升，会逐渐转移到左脑。日本神经学家在我们关于角色中心决策工作成果的启发下，用伽马频率脑电图研究展开一项新的相近任务，从而阐明了这一点。

现实生活中需要几年时间才可习得的各种专业技能，也能证明这种自右向左的转移。需要这样的技能来执行任务的新手表现出明显的右脑激活，但熟练的专业人员在执行相同的任务时表现出了明显的左脑激活。音乐就是一个很好的例子。当没有受过音乐训练的个体（比如我们中的大多数人）识别旋律时，右脑运转得更为积极且特别活跃，但在受过专业训练的音乐家那里，情况正好相反：左脑运转得更为积极且特别活跃。

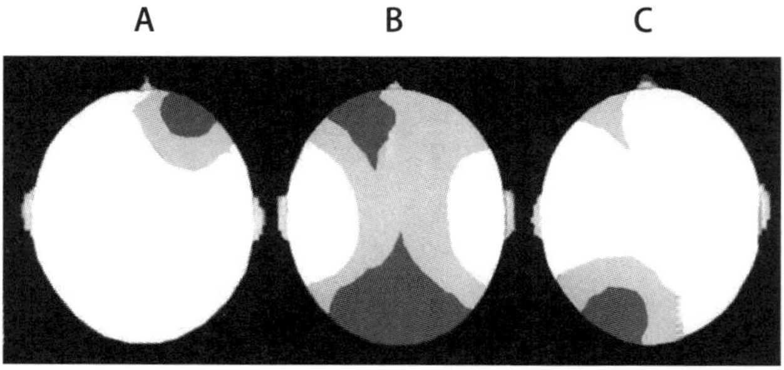

图 14　在逐渐熟悉的任务过程中，伽马频率脑电图显示的皮质激活转移

*阴影颜色越深，激活水平越高。（**A**）面对任务之初——活跃的主要是右脑。（**B**）执行任务中途——左右脑同时活跃，但左脑的额叶最活跃。（**C**）任务接近结束——活跃的主要是左脑。由神谷等人授权许可（2002）。*

甚至连传统神经心理学的“圣杯”——语言的偏侧性理论，也并不是人们所认为的那样。左脑从一开始就主控了语言的说法是不正确的。事实证明，右脑在幼儿习得语言的过程中发挥着重要作用，运用不同实验方法对正常儿童进行的研究清楚表明了这一点。但特别具有说服力的还是脑损伤对语言的影响。和我早前在苏联的观察结果一样，儿童右脑损伤会严重妨碍后来的语言发育。相反，成人右脑损伤通常不会损坏语言能力，但左脑损伤会。但如果语言任务非常陌生或不同寻常，即使是成人右脑也会介入。马克·荣格-比曼（Mark Jung-Beeman）和他的同事用一个简单的实验证明了这一点，他们在实验中提出类似如下的问题："哪一个词加上 pine（松树）、crab（螃蟹）和 sauce（酱汁）都会合成新词？"（答案是：apple（苹果），合成 pineapple（菠萝）、crabapple（沙果）和 applesauce（苹果酱）。）当实验对象发出"我知道答案了"的信号时，FMRI 和脑电图明显显示右脑被激活。

语词习得得模式开始于生命周期的极早阶段，通常表现为学习母语的发音。我的母语是俄语，因此无论我的英语多好（对我来说能用这门语言写第三本书已经足够好了），我的语言习得过程及其背后的大脑活动都和那些以英语为母语的人有点不一样。

美国仍旧是一个移民国家。虽然很多移民除了掌握实用的、简单的、基本的英语以外，很多移民从未认真学习过新家园的语言，但也有一些移民的语言水平达到了惊人的程度，甚至对这门语言十分精通，成为多产的演说家或作家。你立即就能想到弗拉基米尔·纳博科夫（Vladimir Nabokov）和约瑟夫·康拉德（Joseph Conrad），还有亨利·基辛格、埃利·威塞尔（Eli Wiesel）和乔治·索罗斯（George Soros），仅举几例。他们都精通英语，可能在某一个生命阶段对英语的熟练程度甚至要强于各自的母语，但他们对英语的掌握和本地人并不一样。并非更差，在很多情况下可能要更好，但两者有所不同，而这些差异远比他们可辨认的中欧或东欧口音深刻。当人们过了十几岁才第一次接触外语时，口音通常并不会完全消失。[①]

其中有些差异用常识就可以解释清楚，因此不足为奇。通常，人们会在不同的年龄阶段习得不同方面的不同词汇。这意味着，如果过了一定的年龄才第一次接触外语，你对词汇的某些方面的掌握就会一直弱下去。矛盾的是，越是简单的词汇越适用这条规则。一个口齿伶俐的人能富有表现力地用第二语言谈论科学、哲学或政治最深奥的部分，但却对简单的家庭小工具、植物或动物的名称一无所知。我发现自己就一直处于这种滑稽好笑又令人蒙羞的语言处境。

精通母语的人和精通非母语的人之间还有一个更难以捉摸也更为深刻的关乎注意力的区别，也就是“听见”和“听”的区别。无论我的英语表达多么清晰，无论我多么敏捷地掌握传递到我的信息，比起文化及智力水平相当的本地人，我总是显得更加专注地去听。我必须全神贯注。这是事实，虽然我的英语水平似乎和本地人别无二致（忽略口音的话）。直白地讲，我说英语时必须专注才能听懂，但说俄语时不专注就能听懂。第二语言里的任何互动永远需要更多的心智资源，也需要投入更多的注意力。这可能就是为什么通晓两门语言的人在认知下降和早期痴呆中经常会先丧失第二语言能力并回到母语状态的

① 这么说虽然有趣但也许不太合适，我认为罗曼·雅各布森（Roman Jakobson，1896—1982）是精通多门语言的人当中口音最重的人之一。他是流亡的俄裔犹太人，后来成了哈佛大学教授和杰出的语言学家，以语言的语音结构研究闻名至今。

原因之一，哪怕他们数十年里主要使用的都是第二语言。

使用母语和使用非母语时，大脑活动是否不同呢？最新研究证实的确不同。数十年来，科学研究依据的假设是：语言的大脑机制是统一的、模块化的，语言存在于所有大脑的相同部位，即左脑几个可预测的区域。但由于近来认知神经科学界涌现出许多突破性见解和发现，我们知道语言的大脑机制远非固定不变的。不同的大脑区域群决定着不同阶段和不同程度的语言发育。我们知道，右脑在儿童语言发育的早期阶段起着意料之外的重要作用。随着年龄的增长，右脑对语言的作用逐渐减弱，在成人中间变得相对有限。对不同年龄的正常儿童进行比较，以及对不同年龄发生的脑损伤的检测已经证明了这一点。这种母语发育的大脑动态模式符合大脑管理的一般原则：右脑负责处理新信息，左脑负责处理得到确认的认知技能。

第二语言或第三语言的大脑动态甚至比第一语言的大脑动态更加复杂。第二语言从语义层面看属于新信息，但它又不完全是新信息，因为不同的语言有很多共通之处，而第二语言或第三语言的习得建立在根深蒂固的第一语言的基础上。近来功能性神经成像对双语使用者的研究表明，尽管存在大量的重叠，但是第一语言和第二语言激活的脑区并不完全相同。成人双语使用者第一语言的大脑动态主要局限在左脑。相比之下，第二语言的大脑动态通常既涉及左脑也涉及右脑。

对神经健全的双语使用者进行的大量功能性神经成像研究的结果证明了这一点。（但也存在双语使用者由于右脑中风而舍弃使用了几十年的第二语言转而用回第一语言的趣事。）

如此看来，当语言仍旧是一种相对新奇的认知策略时（正如第一语言之于儿童，第二语言之于成人），右脑对它的习得发挥着关键作用。但当完全习得语言之后，左脑逐渐占据支配地位。正如我们之前已经确定的，语言是一个模式系统，这些模式在形成的过程中存储于左脑。

不同类型的模式

其他的一般模式也是如此。出于对语言的敬畏以及它在人类认知中的作用，我们的心智世界充满很多其他的非语言模式识别过程，它们由相对独立于语言的一般记忆操控。我们已经确定，即使是处理最平凡的日常情况，我们都非常依赖立即将特定物体识别成熟悉类别的能力，尽管我们以前从没见过这些物体。但如果你以前从未见过这些事物，你怎么知道它们是什么？模式识别正是“救世主”！这些表征每一个都对应你大脑里一个具有吸引子属性的神经网络（我们之前谈到过吸引子）：它会被一整类的感官输入激活，对应一整类的相似事物。我们几乎在生命的每一刻都要使用这种能力。当你看见一辆新型号的汽车，你知道那是一辆车而不是一棵棕榈树。当你经过百货商店的货架，你用不着别人告诉你哪一样是衬衫，哪一样是鞋子，等等。没有这种能力，我们会迷失在陌生的奇怪物品的森林里，而且不得不从头开始学习这些物品的意义。

某些脑损伤会破坏这种珍贵的能力，引起一种叫作“联想失认症”的疾病。和我们的探讨密切相关的是，导致联想失认症的原因可能是左脑损伤或左右脑损伤，但不会是右脑损伤。因此，左脑是各种一般模式的“所在”，包括和语言相关的模式，也包括和语言无关的模式。假设你惯用右手，这意味着你头脑里表达“椅子”这一概念的神经网络可能分布广泛，但主要存在于你左脑的枕叶、颞叶和顶叶。

并非所有的一般模式都是描述性的，其中有些是规范性的，它们同样存储于左脑。我们在前一章里讨论过这一点，但让我们了解得再详细一些。我们不仅知道各种物体是什么，还知道怎样操控它们。我们知道如何握住勺子、梳子或钢笔。握住这些物体时手指的位置全都不同，但我们并不会混淆。我们知道如何系鞋带和打领带，如何扣纽扣，如何使用锤子和剪刀。这些物体用到的动作也不同，但我们同样不会混淆。

不仅如此，就像装饰风格很艺术的椅子一样，我们不必为每一样物体单独学习操作技能。一旦你知道如何使用剪刀，你就懂得使用所有剪刀；一旦你知道如何打领带，你就懂得系上别的领带，无论它多长多宽。因此，这样的技能也是一般性的。某些脑损伤会破坏这些技能，造成一种叫作“观念性失用症”的疾病。同样，导致观念性失用症的可能是左脑损伤或左右脑损伤，但不会是右脑损伤。因此，规范性一般模式同样存储在左脑，无论它们是否和语言相关。

总之，左脑负责基于模式识别的多数活动，无论它们与语言有关还是无关。左脑损伤破坏了这些能力，造成了语言模式识别障碍（失语症）、非语言模式识别障碍以及模式使用障碍（失认症和失用症）。

相比之下，右脑在人生的早期阶段发挥着特别重要的作用，彼时的即用型模式仓库尚未形成。发育神经科学家最终承认了这一点。多年来，占据主导地位的默认假设是，所有学习和早期认知发育的障碍都源于左脑的功能失调。但近年来出现大量源于右脑早期功能紊乱的疾病，即所谓的非语言性学习障碍，如艾斯伯格症等。加拿大神经心理学家拜伦·鲁尔克（Byron Rourke）对于我们认识各种发育性障碍中右脑功能失调障碍做出了特别大的贡献。

有些由右脑功能失调造成的症状只有通过神经心理学测验才能被发现，但有些症状明显得即使一个外行也能用肉眼观察到，这足以说明右脑功能受损的实际情况。右脑功能失调的人通常会逃避新事物，他们倾向于墨守成规、一成不变，对离开原来的生活环境感到恐惧和厌恶。

右脑功能紊乱的这些症状可能非常具有戏剧性，它们尤其影响社交行为。有些人在社交方面如鱼得水，有些人在社交方面就很笨拙。而且，笨拙的社交经常出现在成就非凡的个体当中：科学家、工程师以及软件设计师——这些人就是众所周知的怪胎。这种笨拙在轻微情况下可能是讨人喜欢的，但一旦它严重到一定程度，就会给个人生活带来极大的破坏性。今天，我们知道这种在临床上会造成严重后果的社交笨拙通常是由右脑受损引起的。

为何如此？答案在于，有些情形永远也不会被划入数量有限的模式中去。要有效地应对它们，个体必须不断即兴发挥，依赖自身的“感觉”而不是众多模式识别。这意味着某些类型的决策永远停留在右脑的范围内，社会判断和人际交往能力似乎就属于这一类。社交情况太过复杂多变，你很难通过数量有限的模式去应对它们。

判断一个人在社交方面是否优雅，比起通晓社会规范，更多的是看遵守规范的能力，避免给人一种不自然、费力和做作的印象。我们身边通常会有一两个在社交场合从不犯错的人，“严格照章办事”，这恰恰是他们给人死板印象的原因，几乎就像滑稽的现代舞漫画或高度程式化的戏剧表演。他们的行为给人一种一连串尴尬静止镜头的印象，每一个镜头对应的“概念”行为都不是自然行为，缺乏精妙、流畅和优雅。他们拼命努力“和他人相处”，但往往弄巧成拙，结果遭到同龄人的“嘘声”和拒绝，不是被当成社交异类，就是被当成社交弃儿。在右脑功能失调的患者当中，这些特征通常非常明显，包括儿童和成人。

随着童年向成年的转变，我们积累了各种模式，能够驾轻就熟地应对新情况。这些即用型模式一旦形成，就主要存储于左脑；随着模式库的增大，个体会越来越依赖左脑。认知控制的总体轨迹，即“认知重心”逐渐从右脑向左脑转移。这显然是一个过程，不是突然地转变，而且认知技能不同，这一过程也不同。所以，准确地说，我们谈论的不是一个自右向左转移的单一过程，而是在不同的时间尺度内以不同的速度并行展开的无数这种过程。但它们都反映了一个基本现象：认知控制轨迹从右向左的转移是高阶心智过程的一个基本周期，正如本能反应是初级学习阶段的一个基本单元。

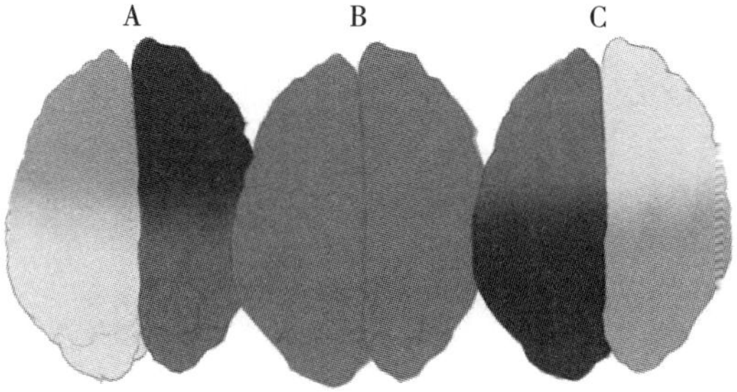

图 15　左右半脑在认知学习中的作用

阴影颜色越深，参与程度越高。（**A**）当你面对新的认知挑战时，右脑占据主导。（**B**）左右脑同时参与中期学习阶段。（**C**）在使用成熟的心智技能时，左脑负责进行“认知导航”。在某种程度上，前额皮质（图片顶部）在成熟心智技能中的作用也会降低。

终其一生的认知重心转移

现在让我们从终生视角考虑。大多数针对脑功能发育变化的研究都隐含这样一个问题：“儿童和成人有何不同？”但近来，随着人们对老龄化关注的增加，这个问题已经延伸成：“青年人和老年人有何不同？”

过去 10 年里，许多运用 PET 和 FMRI 的功能性神经成像研究都提出了这一问题。研究人员比较了成年人在不同生命阶段的大脑活动模式。结果表明，“认知重心”自右向左的转移是一个贯穿一生的持续过程。青年人群的脑激活更可能出现在右脑前额皮质而不是左脑前额皮质，但老年人群的左脑前额皮质则更为活跃。同样，这种结果似乎和任务的性质无关，不管它们是语言的（如词语识别）还是非语言的（如面部识别）。

认知重心自右向左转移似乎是一种终身现象，从童年到中年再到老年。这一观念首先由我的两位朋友杰森·布朗（Jason Brown）和约瑟夫·杰夫（Joseph Jaffe）提出，目前已得到越来越多的实证支持。

由此可见，认知控制轨迹自右向左转移，不仅是人类从童年到成年阶段心智发展的一个基本周期，而且贯穿了我们的一生。在本章开头，我们探讨了如何运用实验来研究这些变化。但现在，我们知道人的一生始终存在类似的变化。和原来的观念相反，右脑是人生早期的主导半脑。但随着时间的流逝，左脑逐渐占据优势，因为后者建立了一座不断扩大的"模式图书馆"，里面装着表现为神经吸引子的有效模式识别策略。右脑对年轻的我们至关重要，年轻是大胆的时节，敢去神秘水域冒险。左脑对成熟的我们至关重要，成熟是智慧的时节，能透过以前的经验看待新事物。

我们该如何理解左右半脑中存在的知识表征的差异呢？正是这些差异使它们在学习的不同阶段起到了不同作用。在我写这本书的时候，这些差异是神经性功能成像和计算方法研究的重点。但就目前而言，更有科学头脑的读者也许会发现以下的类比很有帮助，这个类比涉及描述性统计，也就是在实施详细分析（"推论性统计"）前表示大数据集最简单的方法。在描述性统计法里，同一组数据可以表示成两种不同的方式：数据组和数据点集群。第一种方式是总平均，捕捉的是过去所有经验的总体本质，但丢失了具体的细节。第二种方式是具体经验库，但提取不到共性本质。

数据组用平均值和标准差表示。相反，数据点用散点图表示。当新信息加入时，这两种表示会以截然不同的方式更新。每当有新信息的加入，数据组就必须重新计算一次，从而产生一个新的平均值和一个新的标准差。相反，散点图仅仅会增加一些新的数据点。

右脑可以被看成先前所有经验的“总平均”，通过一些皮质平均值和各种标准差表示生物体积累的知识，不过缺少具体细节。左脑可以被看成各种皮质散点图，一个相对具体的表征库，每一种表征都对应一类相对狭义的相似情况。

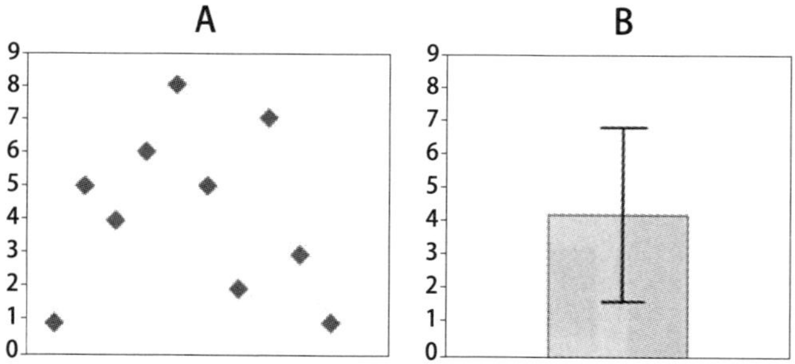

图 16　储存在大脑两半球的知识表征

（**A**）散点图分析（每个数据点表示小范围情境的具体特征）这是储存在左半球的知识表征。（**B**）数据组分析（覆盖所有情境的大致概括）这是储存在右半球的知识表征。本图为概念图，并非实际情况。

现在假设生物体遇到了一个新的认知挑战。假如它至少能和左脑里的一种特定表征（吸引子）产生共鸣，大脑就会将认知挑战识别成熟悉的情况并根据以往获得的针对这类情况的经验进行处理。但如果没有共鸣产生，大脑就会将认知挑战识别成新情况。由于它并不符合任何可用的关于特定情况的知识，处理这种情况的唯一方式就是借助右脑储备的默认“平均”信息。

例如，假设你的厨房里放有一个装有类似果冻的东西的罐子。如果你的左脑认为它是果酱，你可能会去吃。如果你的左脑认为它是液体肥皂，你可能会把它放进洗碗机。但是如果你根本无法将它识别成熟悉的事物，换句话说，你不知道它是什么，右脑含有的默认选项会谨慎对待，然后可能会扔掉它。

因此，随着年龄的增长，我们一直在积累一般记忆，这让我们能够逐渐使用快捷方式解决问题，摆脱应对新挑战时需要的艰苦脑力劳动，并形成模式识别。我们终生都在扩充“模式图书馆”，这些模式存储于左脑。因此，随着年龄的增长，我们对左脑的依赖逐渐增加，对右脑的依赖逐渐减少。随着心智模式的增加，左右半脑的使用频率，可以说是不可阻挡地自右脑向左脑转移。这反过来也深刻影响了大脑以及左右半脑对老龄化影响的抵抗。我们会在本书第 13 章讨论这一点。

与此同时，我们应该着手研究新情况、左右半脑和额叶之间的关系了。右脑并非处理新认知时唯一重要的大脑区域。我们从前一章了解到，额叶在这一过程中也起着关键作用。功能性神经成像研究表明，生物体面对新挑战时，额叶尤其活跃。随着任务变得熟悉、自发和不费力，前额皮质的作用就减弱了。

难怪创造力也取决于额叶功能。尹妮娅德·卡尔森（Ingegerd Carlsson）和她的同事研究了低创造力人群和高创造力人群（创造力可以通过一种特殊的心理测验来衡量）的前额皮质的 rCBF（血流量）。高创造力人群在休息状态下的额叶 rCBF 水平更高。当面对认知挑战时，高创造力人群同时激活了两侧额叶，而低创造力人群只激活了左额叶。由此看来，高创造力个体的左右额叶均会参与问题解决，而低创造力个体只有左前额皮质才会参与。一项相近的研究表明，面对独创性的任务，创造性人才的右脑活动不断增强从而使他们能够应付自如。右脑的激活在额叶部位表现得特别明显。相比之下，低创造力人群仍旧受左脑支配，右脑相对不够活跃。

既然“认知中心”从右脑向左脑的转移似乎是一种终生存在的普遍现象，提出以下的问题也就顺理成章了：是所有的人都一样，还是存在个体差异？在了解大脑和认知之后，你可能会期待后者。

的确，有些人的创造力能保持终生，并不会随着年龄的增长而减退。他们的大脑结构与众不同吗？怎么会呢？

想想下面的心理实验。假设有一个心理测验可供我们测量智慧。在这个测验的帮助下，我们可以分辨出明智的人和不那么明智的人。再假设我们面对的实验对象需要智慧来解决他们的问题。这两类人群的脑激活模式会有什么不同呢？作为智慧的标志，我认为左前额区会特别明显被激活，而那些随着年龄增长而获得智慧的同时又保有创造力的人，左右前额区均会特别明显被激活。

在更加了解左右半脑的运作方式后，我们距离解开认知的某些最神秘的谜题也更近了一步。但认知并不是独自运转的，仿佛置身于一个不带感情的神经真空。恰恰相反，认知和情感相互交织，而且这种结合也涉及左右半脑。这将是下一章的主题。

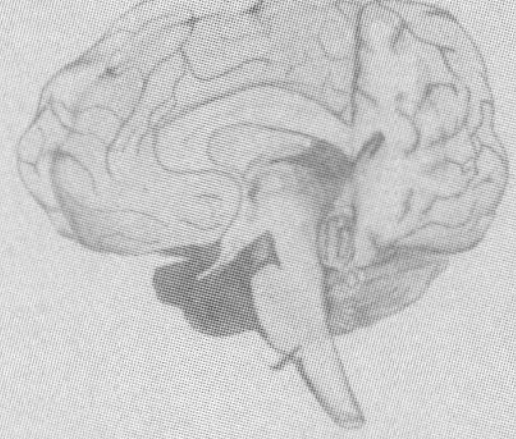

抑郁症——服用百忧解的麦哲伦

第 12 章

大脑的“阴”“阳”两面

在过去几十年里，研究人员在大脑研究方面不止打破了一项禁忌。和额叶一样，情感的大脑机制也是过去研究的“禁地”，直到不久前才对严肃神经科学开放。传统上，人们认为情感是心理学的“软肋”，严肃神经科学家研究感性领域有失体面。这种态度有点儿酸葡萄心理。直到几十年前，神经学家甚至还不清楚从哪里开始对情感进行神经生物学的研究。

约瑟夫·勒杜（Joseph LeDoux）、理查德·戴维森（Richard Davidson）、安东尼奥·达马西奥以及其他最终以严肃的科学方法开展研究的科学家改变了这一点。勒杜指出了杏仁体对情感起到的作用。杏仁体是旧皮质下组织，是“缘脑”的一部分[①]，它表明情感机制在相对早期的进化阶段就已开始出现。相反，科学界多年以来占据统治地位的默认假设是，人们在进行

① 术语“缘脑”和“脑边缘系统”最早于20世纪中叶提出，现在已经有点过时，而且它们的神经解剖学定义并不精确。它们指某些大脑组织里的一个功能单元，比如眼窝前额皮质、扣带皮质、杏仁体、海马体，以及其间的连接通路，有时也包括某些丘脑和下丘脑的胞核。最近，这种功能单元已经受到研究的挑战。但是，研究人员仍按惯例使用“缘脑”这个术语。

冷静、理性、不带感情的思考时调用的是大脑最年轻的新皮质。这等于把我们的内心世界简单地一分为二：情感由“热情的”皮质下缘脑组织支配，理性思考由“冷漠的”新皮质支配。

这种简单的二分法不可能准确，事实也的确如此。情感体验和情感表达无疑也涉及新皮质，而且，情感的皮质投射区是分开的：左脑参与积极情感，右脑参与消极情感。左右半脑在处理情感方面的分工是最近几十年神经心理学最令人兴奋的发现之一，也是本章的主题。

左右半脑情感分工的第一个迹象来自对脑损伤病人的观察。多年以来，临床医生一直知道左脑损伤经常会造成抑郁症，相反，右脑损伤经常会造成躁狂症，或是一种被误认为轻度欣快症的症状（起码是在临床上称作“漠不关心”的冷淡状态）。和正常人相比，这两种影响在左脑损伤患者和右脑损伤患者对各种情感刺激做出反应时尤其显著。

过去，人们普遍认为脑损伤对情感的单侧性影响是患者对自身障碍认识不足的后果。我们知道，成年人左脑受损会影响语言功能。由于语言是一种如此重要而又涉及诸多方面的技能，它的丧失不可能不被患者注意，因而也就成了痛苦之源。相反，右脑的功能缺失更加难以捕捉，很难通过内省察觉。患者通常不太容易发现这些功能的丧失，因而也就不会感到那么不安。因此，当你有充分的理由感到沮丧而你却表现平淡时，可能就会被误解成欣快症。

事实上，右脑受损的患者经常觉察不到自身的障碍，这种现象被称为“疾病失认症”。环绕着这些患者的安宁氛围与他们都患有严重脑损伤的悲伤现实形成了鲜明的对比。

疾病失认症通常表现为“左侧忽略”的形式，一种大脑不能正确接收和处理来自左侧外部世界信息的情况。这是因为将外部世界的信息输入大脑的感官通路相互交叉：左侧世界的信息传入右脑，右侧世界的信息传入左脑。当左脑发生病变时，患者一般很容易就能发现随之而来的障碍并尝试去弥补。但当右脑发生病变时，患者往往察觉不到后果而且更加无法弥补，因此左侧忽略会变得严重而难以治疗。

疾病失认症有时会表现得相当离奇，患者无法对外界现象做出合理解释，比如我们先前提到的养老院的老人，他看不到餐盘里的牛排，于是将之归咎于护士的阴谋。不过，左侧忽视或忽略不仅限于视觉，触觉也可能受到影响，造成一种“异手症”现象。中风病人可能会患上这种病，他会否认自己的左侧身体，认为它属于别人，会即兴编造一个离奇的故事来解释“外星人”的手在他旁边干什么，却不认为是自己的神经出了问题。

相反，因左脑中风而患上失语症（语言障碍）的病人往往能敏锐地意识到自身障碍并因此深受折磨，惊恐不已，泪流满面。这经常引起以下的猜想：这类病人的抑郁症是他们对自身认知损失的一种反应。

但进一步的研究表明，比起患者对自身障碍认识程度的不同，左右半脑和情感之间的关系更加紧密。半脑的范围很大，因此仅仅将特定症状与半脑中某处受损联系起来远远不够。弄清楚半脑中受损的确切位置非常重要。问题提出后，研究人员发现左额叶受损尤其可能导致抑郁症，这种可能性远远高于左脑的其他部位受损。

但这里有个问题。我们知道，额叶受损会导致疾病失认症。左额叶严重受损的病人不能充分认识到自身的障碍，因而也不会为之烦恼。因此，抑郁症与左额叶损伤导致的障碍认识无关，这几乎是一个让人难以置信的命题。相反，右额叶受损通常会造成一种远远超过漠不关心的冷淡，这无法用障碍认识不能简单地做出解释。这样的损伤经常会导致躁狂症或极度欣快症。

研究人员还发现，左脑或右脑受损有时会引起极端的情感行为，它们同样无法用障碍认识不能的程度来解释。左脑受损的患者有时会发生病理性哭泣，右脑受损的患者偶尔会发生病理性欢笑。因此，这些情感变化必然与左右脑损伤联系起来。

下一步是研究正常人左右半脑和情感状态的关系。研究人员首次通过脑电图完成了这一研究，脑电图是 20 世纪 70 至 80 年代使用的主要技术手段。随后几年，功能性神经成像（PET 和 FMRI）的出现让我们能够更直接地窥探情感和左右半脑的关系。理查德·戴维森和他的同事对这类研究做出了很多开创性的贡献。

研究结果相当有趣。当实验对象观看含有愉悦信息的短视频或其他图像时，左脑的激活持续增强，尤其是左前额皮质。相反，当实验对象观看让人不开心或悲伤的图像时，右脑的激活持续增强，特别是右前额皮质。类似的对比在一个涉及财务问题的游戏中也很明显。当实验对象赚钱时，左额叶相对来说更加活跃。当实验对象亏钱时，右额叶相对来说更加活跃。科学家在研究了各种情感状态的大脑机制后发现了类似的效应。

冥想能让我们沉浸于一种舒缓、内省的心境，此时左前额皮质活跃度增加，右前额皮质活跃度减少。科学家在对冥想中的修女进行研究时，发现左额叶的激活持续增强，而右脑各部分区域的激活都在减弱。

综上所述，对大脑损伤的研究以及对正常人神经成像的研究表明，左右半脑在情感体验和情感表达中发挥相反的直接作用。左脑调节积极情感，右脑调节消极情感：大脑确实有“阴”“阳”两面。[①]

下一步我们将探索情感风格的个体差异。戴维森及其同事发现，确实存在不同的情感风格，它们对应左脑或右脑的激活优势。有些人往往拥有积极开朗的性情，有些人则更容易抑郁。研究结果表明，他们的大脑在激活方式上始终存在稳定的区别，表现出不同的电生理特征。性情开朗的人左额叶较为活跃，而容易抑郁的人右额叶较为活跃。假如因为某种原因，左额叶激活受到破坏的话，悲伤和沮丧就会乘虚而入。同理，右额叶的激活和厌恶、恐惧之类的消极情感密切相关。即使是高度复杂的情感也受制于右脑的单侧性影响，比如社会排斥所带来的极端消极的情感反应。内奥米·艾森伯格（Naomi Eisenberger）和她的同事在一个设计巧妙的 FMRI 实验中证明了这一点：试验对象在玩虚拟球类游戏时，会把一些人排除在外。

情感风格的差异以及它们与左右半脑的关系似乎是天生

① 不要把个人的情感体验和表达混淆为识别和区分他人情感表达的能力。后者的积极情感和消极情感似乎主要依赖右脑——可能是因为这类信息不太适合模式识别。

的，或者说它们在生命的极早阶段就已出现。研究人员发现，10 个月大的婴儿手舞足蹈时左额叶的激活特别强烈，而差不多大的婴儿号啕大哭时右额叶的激活特别强烈。

左右半脑在调节情感方面的分工并不限于新皮质，它还涉及杏仁体。在健康的个体中，比起消极刺激，左杏仁体对积极刺激的反应更为活跃。当看见黑白面孔显露的惊恐表情时，焦虑型人群的右杏仁体夸张地活跃，抑郁型人群则表现出左杏仁体活跃度下降。由此我们可以得出结论，大脑存在两个紧密结合的“情感回路”，每一个都包含左脑或右脑的额叶和杏仁体。事实上，研究已表明，额叶－杏仁体回路深度参与了和回报相关的决策过程，甚至包括从餐厅菜单中选择美味佳肴的过程。

就某些精神疾病而言，不仅大脑激活的方式不同，大脑结构的大小也不同。泛焦虑症患者通常右杏仁体特别大。相反，为了减轻癫痫发作而接受右杏仁体切除手术（称为前颞叶切除术）的患者丧失了识别恐惧表情的能力。

其他大脑组织也参与了情感管理，包括扣带回皮质（包裹在连接左右脑的大型神经束胼胝体外侧的带状古皮质）和丘脑的某些部位（将嗅觉之外的各种感觉投射到不同皮质区的核团）。科学家对这些组织的功能偏侧性知之甚少，但它们很可能和左右半脑的分工并行。

由此看来，前额皮质、杏仁体、扣带回皮质可能和其他组织协同调节情感的体验和表达，并且包含两套不同但并行的情感控制系统。左脑系统负责调节积极情感，右脑系统负责调节消极情感。当然，大多数现实情况都很复杂。比起甜蜜或苦涩，它们更可能是又苦又甜，就像“阴”“阳”两面，或是巴厘岛经典装饰设计的黑白符号。因此，在大多数现实生活的情境中，双侧额叶 – 杏仁体回路协同合作，但它们对情感平衡的贡献大不一样。

大脑分工应统一

细心的读者可能已经发觉，我们可以通过两条平行路径理解大脑半球特化的本质，它们既不会交叉也不会趋同。第一条路径主要涉及认知，它追求的是左脑负责语言，右脑负责视觉空间。我们知道，这是很多年来神经心理学的重要主题。第二条路径主要涉及情感，它追求的是左右半脑与积极情感和消极情感的关系。这是近来流行的一个观点。

神经心理学的这两条路径从未真正交织到一起。它们相互独立，遵循它们的神经科学家群体不同，讨论它们的科学会议不同，提及它们的科学著作也不同。尽管这种情况听起来可能令人吃惊，但完全不奇怪，因为并没有一种逻辑的或经验的方法，能够论证语言和积极情感之间以及视觉空间功能和消极情感之间存在内在关系。语言是一种情感中立，或者更确切地说是一种情感等位的工具，它使用同样的方式及编码表达积极情感和消极情感。同理，视觉想象也使用相同或相似的方式表达每一种情感。

用规范的科学术语来说，语言 – 视觉空间的区分和积极 – 消极情感的区分是正交的，彼此不可约减。这意味着什么呢？

它们和左右半脑的平行关系只是巧合吗？科学的繁荣总是离不开简约的美学规则，也就是将众多观察结果归拢到内涵最少的规则里。简约规则历来被广泛用于科学论述，以至审美思考和解释说明常以一种几乎可以互换的方式混杂出现。具有表面价值的简单理论更加可信、有说服力，更可能被作为真理接受。相反，人们会下意识地怀疑复杂理论的真正解释力。就一个令人信服的科学理论而言，不同的主题必须统一。

按此标准，神经心理学家和认知神经科学家对于大脑半球特化同时存在两个或两个以上正交的、看似巧合的本质应该感到不满和非常困扰。是这样吗？未必。科学领域已变得支离破碎，很多科学家只关心自己小范围内的知识秩序，不会跨越边界。但这确实引起了我的关注。我个人一直在持续探求能够将大脑研究的不同分支统一起来的简单理论。

前一章讨论的大脑半球特化的新奇－常规理论让我们急需以一种先前理论所没有的简洁方式将大脑半球特化的认知方面和情感方面联系起来。这是因为常规和积极情感，以及新奇和消极情感之间存在内在联系。原理如下。

左脑负责常规认知。我们已经确定，大脑对被纳入长期记忆的信息具有高度选择性。在健全的大脑里，只有被证明在一段时间内有用的知识才会常规化并进入左脑的长期记忆系统。无用的信息（比如 20 年前的今天你吃的什么午餐）不会成为左脑存储的常规模式识别的一分子。因此，左脑存储的内容几乎都是“有用”信息，其效用对生物体有益。

相反，右脑负责处理新情况。当生物体可用的认知库无法解决当下的问题，需要从头开始探索时，它就会启动。生物体能力和生物体需求的不对等会引发右脑的参与。对现状的不满，也就是对生物体糟糕处境的不满，会引发大脑寻求新的解决方案。

对脑生物化学的进一步研究突显了大脑半球特化在认知方面和情感方面的密切关系。我们知道，无论是结构上还是生物化学上，左右半脑都不完全相同。某些神经递质在右脑的分布要略多于左脑，尤其是去甲肾上腺素。另一些神经递质在左脑的分布要略多于右脑，尤其是多巴胺。

这种生化不对称会深刻影响认知和情感。动物实验表明，大脑内多巴胺水平的升高会引起过度学习的刻板行为，多巴胺与成功行为的奖赏和强化有关，多巴胺也影响快乐体验和成瘾。所以，多巴胺似乎负责调节积极情感和常规认知。这一点意义重大，因为常规认知会把过去被证明是好的（成功的）经验编组。

相反，动物实验表明，大脑内去甲肾上腺素水平的提高会引起得不到满足的探索性行为，永不停息地寻求新奇。与此同时，去甲肾上腺素水平失常和抑郁症相关。所以，这种神经递质负责调节消极情感和探索性行为。这一点也意义重大，因为生物体无法满足自身需求同时导致了消极情感和对新解决方案的寻求。有趣的是，涉及抑郁症的另一种神经递质，也就是血清素水平的降低，会导致认知缺乏灵活性，这再次指向了认知和情感的统一。

你可能会提出以下疑问：左右半脑对情感的影响比不上它

们对认知的影响吗？根据这种设想，积极情感和左脑之间的联系源自左脑对应于内在“好”情况的激活（生物体的需求和生物体满足这些需求的能力完美契合）。同理，消极情感和右脑之间的联系源自右脑对应于内在“坏”情况的激活（生物体的需求和生物体满足这些需求的能力无法匹配）。或者反过来，左右半脑在积极情感和消极情感方面起主要作用，在处理旧情况和新情况方面起次要作用？

这有点儿像“蛋生鸡还是鸡生蛋”的问题，不仅无法回答，而且最终也没那么重要。但具有启发性的是，在情感体验过程中，新皮质区里的前额皮质特别活跃：积极情感激活左额叶，消极情感激活右额叶。我们知道，前额皮质在角色中心决策和角色中心情况评估中发挥着关键作用。前额皮质的功能是推测“什么对生物体有利”，而不是从抽象意义上不带感情地确定“什么是事实”。对我来说，这表示左右脑和情感的联系要次于左右额叶和认知的联系。

假如这样的话，那么大脑就是通过同步整合“纵向”回路和“横向”回路来调节情感。两个杏仁体回路负责即时的情感反应（很大程度上是固有或预装的），两个额叶回路负责调节基于理性认知分析的情感反应。输入皮质的理性情感反应和输入皮质下的本能情感反应，两者在额叶－杏仁体回路中相结合，从而产生纵向的情感整合。与此同时，“积极的”左额叶－杏仁体回路和“消极的”右额叶－杏仁体回路通过胼胝体和前连合相结合，从而产生横向的情感整合。

新发现带来的驱动力

到目前为止，我们在本章已经探讨了情感和认知的关系，以及它们与左右半脑功能差异的联系，不过这多少有点抽象。显然，不同的人有不同的情感风格和认知方式。现在我们需要审视一下个人认知方式和个人情感风格的关系，以及它们与左右半脑之间的关系。

开始考虑这种关系之前，我们先试着想象服用了百忧解的斐迪南·麦哲伦或克里斯托弗·哥伦布。据说在这些伟大的航海家生活的时代就已经发明了百忧解，他们会吃上一两片在塞维利亚、里斯本和加的斯快乐狂欢，而不是去开启伟大的探险历程。值得庆幸的是，由于没有任何历史依据，这些形象只是我虚构的，否则欧洲人就不会发现美洲，也不会有如今的国际日期变更线。

虽然服用百忧解的哥伦布形象是幻想出来的，但它抓住了一个重要真理：驱使你去追求变革、探索未知的动力是一种不满足于现状的情感。它是一种不安分的有压力的情感，符合右脑的情感基调。追求探险，追求新奇，设想未来应该怎样，总是伴着对当下徘徊不去的不满。心满意足的人不会发现新大陆，不会环球航行，也不会实现科学创新。如果一切都很好，为何要烦恼呢？

开拓者的民间形象不是快乐的类型而是沉思的类型。很多伟大的作家、科学家和探险家都会患上躁郁症和抑郁症。饱受躁郁症折磨的心理学家凯·雷德菲尔德·贾米森（Kay Redfield Jamison）深刻地分析了创造力和精神病之间的联系。

贾布洛·赫什曼（Jablow Hershman）和朱利安·莱布（Julian Leib）将躁郁症称作“开启天才的钥匙”。在一系列令人着迷的论著中，他们探讨了躁郁症对历史上那些富有创造力的正面人物和富有破坏力的反面人物的影响。他们认为，对人类文明做出伟大贡献的人物，比如贝多芬、拜伦、狄更斯、牛顿、普希金、舒曼以及梵高，全都出现过这种障碍。丘吉尔也备受抑郁症的困扰，他出了名的“脾气暴躁”以及惊人的文学创作速度均是轻度躁狂的表现。（米开朗琪罗也患有抑郁症，但不清楚他是否患有轻度躁狂。）

躁郁症也影响了富有侵略性的“黑暗型”天才和奉行政治军事扩张主义的帝国建造者。根据赫什曼和莱布的研究，拿破仑、希特勒从“打天下”之初就患有这种疾病。凯瑟琳大帝的情人、掌握实权的俄国亲王波将金同样如此，他虽然因好莱坞式的波将金村臭名远扬，但同样以异常勤奋和高效著称。

其中一些正面人物（牛顿、丘吉尔）和反面人物（希特勒）都在前面探讨历史名人认知下降的章节里出现过。情感失调和认知下降同时存在于相同的个体可能不仅仅是巧合。广泛的科学研究证明，终其一生的抑郁也是引发痴呆症的危险因素。

将创造力和躁郁特质联系起来的说法很多，但都没有科学依据。我没见过任何能把轻度情感障碍和公认的天才联系在一起的严谨统计。要收集这样的统计数据，你需要考虑情感失调的天才和未情感失调的天才做过的所有事情，并计算二者的比例。你还要将这个比例和从普通人身上得出的类似比例进行对照。这是一项令人畏缩的任务，原因很多，首先需要解决的是决定谁是天才 [除非你借助查尔斯 · 莫瑞斯（Charles Murray）世界重要历史人物排名之类的名单]，否则你可能永远也无法完成。

不过斯坦福大学的两位研究人员康妮 · 斯特朗和特伦斯 · 克特，通过更可行的方法，几乎证实了这一观点。通过进行不同的心理问卷调查，他们发现在性格构成上拥有艺术天赋的健康人比普通健康人更加接近轻度躁郁症患者。研究人员得出的结论是，"消极情感特质"，包括非临床的轻度抑郁和躁郁，和创造力密切相关。类似的情况还有，研究表明，寻求新奇的特质在躁郁症患者中间特别常见。

当然，这也引发了一些有趣的疑问：躁郁症的大脑机制是什么？它的神经功能原理是什么？如果你还记得，功能性神经成像和病变数据表明了左脑功能失调和抑郁症之间以及右脑功能失调和躁狂症之间均有联系，那么不同于抑郁症和躁狂症的躁郁症呢？初步证据表明，同一名患者处于躁狂状态和抑郁状态的大脑激活模式截然不同。但两者都是极端状态。躁郁症患者大脑活动有哪些稳定的特征？多数时间占据支配地位的激活模式是什么？现有的证据表明，这些患者的主要脑激活模式和抑郁症患者类似，和躁狂症患者不同。它由激活状态下的左脑控制，右脑则表现出正常的激活模式。

这种生理特征对应不满于现状的挑剔、固执的心理状态，从而引起了改变现状的倾向。周期性的轻度躁狂状态使得这种倾向超越了普通水平。对现状不满和周期性飙升的精力，这两者共同推动了创造性成就。[①]

但一个人的情感基调并非恒定不变，事实证明，它在人的一生中不断变化，而且确实存在“心灵的情感四季”。心平气和无疑是一种非常理想的心态，但对年轻人来说，它可能会令你失望，它意味着过度满足、提早衰老、没有成就的职业、平庸甚至极度反常。年轻时的浪漫意象代表一定程度的不满和一定程度的不安，它们是激发勇气和反抗的内在张力。一项对过去几十年政治事件的粗略调查显示，学生是其中很多事件（或者大多数事件）的主要参与者——从 20 世纪 60 年代的西方学生运动到 90 年代的“印尼黑色五月暴动”。这是右脑情感基调主导下的一种激烈表达。

但随着我们老去，最理想的情感基调变了。研究表明，随着年龄的增长，我们踏进人生的下半场，消极情感的影响力减弱，积极情感逐渐成为主导性情感基调。这反映在我们的大脑活动中：因为衰老，杏仁体对消极情感刺激的反应变得不那么活跃，但对积极情感刺激的反应并未改变。如此一来，天平便朝着有利于积极情感的方向倾斜，于是随着年龄的增长，左脑的情感基调成为常态。这些发现符合我们直观的文化观念。无

① 躁郁症存在几种类型。第 I 型最严重，经常伴有精神病，患者严重躁狂发作的同时伴有严重抑郁。第 II 型不太严重，轻度躁狂发作取代了完全躁狂。循环型严重程度最轻，仅仅是轻度躁狂和抑郁发作，几乎没有明显的临床症状。

论公平与否，一个不安分的八九十岁老人通常会被视作生活没有成就、生命周期未完成以及做什么都“为时已晚”的象征。年老时要心平气和是我们大多数人都有的文化成见。

这听起来可能和常识相悖，因为抑郁症也是一种常见的老年病。抑郁症的发病率确实伴着衰老而增长，但骨质疏松、癌症、免疫抑制、脱发和很多其他疾病的发病率也在增长。衰老和抑郁之间没有必然联系。它只是人生历程中生命的有限本质和不断增长的患病可能性的一个表现。心平气和是正常的老年属性，但老年性抑郁不是。

因此，从年轻时右脑的主导到年老时左脑的主导，心灵的四季更替在多条战线上同时展开：无论是关于认知还是关于情感。认知重心和情感重心都在从右脑向左脑转移，这令人信服地体现了认知和情感在我们心智生活和心智发育中的统一。

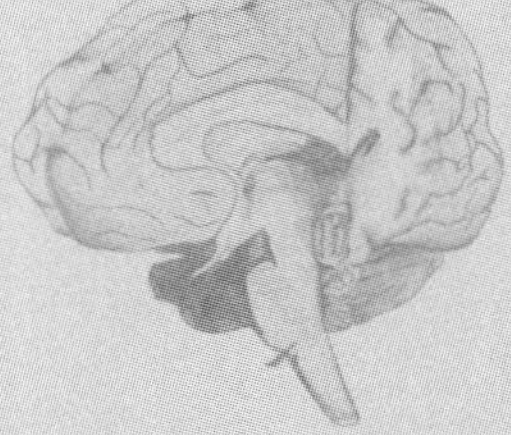

夏季的一个下雨天

第 13 章

脑电图会场的大脑绘图员

衰老对左右半脑有什么影响？影响相同吗？浩如烟海的衰老神经生物学著作很少提及这些问题。这毫不奇怪，因为我们一直以来都认为左右半脑之间可能并不存在差异。但一旦我们认识到认知重心终生都在从右向左转移，那么这个至今听起来有点儿古怪的问题就有了合理的解释。转移意味着人的一生中左脑的使用频率会日益增多，而且这一趋势会延伸到老年阶段。这种使用频率上的差异会影响左右半脑的老化速度吗？如果是，怎样影响的呢？

2003 年 6 月，在一个阴雨绵绵的早上，这些问题困扰着我，使我无法安心待在舒适的家里。《纽约时报》称，这个夏季雨水多到百年难遇。用我的母语俄语来说，就是“坏天气”，但那天天气坏到连狗都不愿出门。大雨倾盆而下，牛头獒布里特不肯像往常一样出门。我们刚离开大楼，它就蹲在人行道上，转过身，使劲把我拽回干爽的室内。动物尚且如此，人就更不愿意出门忍受这种糟糕的天气，我的多位病人因此取消了预约。

无事一身轻，我决定给自己找点事做。我找到一把最大的雨伞，然后朝万豪酒店走去，那里正在举行 2003 年人类脑电图研究讨论会。

用术语来说，脑电图就是“神经成像”，该术语指的是能让科学家通过直接扫描测量并将大脑各个方面视觉化的一整套技术。我之前已经提到过一些。这些技术背后的物理原理各不相同，但它们都能提供有关大脑组织或大脑的生理信息。这两者的区别类似照片和电影。结构性神经成像提供大脑组织的快照，相反，功能性神经成像扫描的是运转中的大脑。CT（或CAT）和MRI属于结构性神经成像，可以让我们了解大脑的形态。FMRI、PET、SPECT和MEG属于功能性神经成像，可以让我们了解大脑的活动。其中一些技术，比如CT、MRI、PET和SPECT，已经成了临床实践里相对常见的技术。其他技术，比如FMRI和MEG，主要还是用于神经学研究领域。

神经成像的出现确实彻底改变了心脑科学，助其摆脱“软科学”的脆弱地位并进入公认的成熟科学行列。我曾经说过，神经成像对认知神经学的影响好比望远镜对天文学的影响。如果大脑是人类认知、情感和意识的“小宇宙”，那么望远镜的比喻既贴切又发人深省。我自己的功能性神经成像研究工作主要是通过和各位同事的合作完成的，但我想尽力跟上这一新领域的发展。2003年人类脑电图讨论会是一个了解该领域总体发展的难得机会。

酒店里的脑电图会场充满活力。我惊讶于年轻科学家的数量，他们来自世界各地，肤色各异。多年以来，我参加过各种科学会议，我注意到和心脑科学相关的其他学科——心理学、精神病学、神经学、计算机科学、哲学——吸引了不同类型的人。也许这是一种错觉，但我认为不是。（无论是不同人格为不同学科所吸引，还是不同学科塑造了不同人格，或者两者兼而有之，都可能是一个有趣的社科项目的主题。）在会议上看到他们我很震惊，可以说这是一次真正的多学科思想交流。理应如此，因为现今我们发现认知神经学和所有这些学科都有重叠的部分。

多数科学会议有两种展示方式：演讲和海报。不知何故，演讲方式更受欢迎。演讲当然没那么费力：你站在讲台上，说你该说的话，然后就完事了。至于海报，你得为你的工作准备好视觉画面，把它贴在一块板上，然后站在它前面对着会场过道里挤来挤去的观众解释上面的内容，通常你会花上好几个小时。就我自己的研究而言，比起海报，我更偏爱演讲。但对他人的研究而言，海报能让观众更有效率地快速获取大量信息。因此我没有去听演讲，而是在海报一字排开的长长通道里来回踱步（总共将近 2 000 张），用掌上电脑记笔记。

自然，我主要关注的是大脑老化方面的新信息。众所周知，脑沟和脑室随着年龄增长而变大，这意味着大脑的萎缩（流行的说法是“收缩”），此时的额叶易受损。但这些观察非常粗略。还有更具体的观察吗？我对左右半脑的老化过程有一个非常清晰的直觉，但需要证实——或是驳斥。这是我到会场来的原因之一。

脑沟是大脑最为明显可见的特征，具备独特的核桃状外观。脑沟像幽深的峡谷一样挤在“山峰”脑回之间。哺乳动物的大脑进化，一个显著特点是逐步发育的沟裂脑回和脑沟日益错综复杂，几乎是有节奏地交织分布在一起。促成这种发育的进化压力可能和皮质层的表面积不断增加有关。由于在哺乳类动物进化的过程中，皮质层持续增加，一个“光滑”的大脑需要一个越来越大的颅顶以及越来越大的颅骨。想象一下人类的躯体上顶着鲸鱼那么大的头，也许显得很聪明，但既不灵活也不好看。进化放弃了这种自我设限的设计，而是想出了一个将表面积很大的皮质层装进人类头颅的方法。该方法牺牲了皮质层表面的光滑性，将其折叠成类似核桃的形状。这一精巧的设计堪比可授予专利的天才发明，但它实际却是通过无目的的突变和自然选择实现的。

可随着我们老去，“核桃”会发生什么变化呢？有一份海报回答了这个问题：在正常衰老的情况下，脑沟深度会减少。约翰霍普金斯大学和美国国家老龄化研究所联手进行了这项研究，他们将一种为地球科学开发的研究方法应用到大脑科学中。理想模式下的跨学科发展——而且跨度极大！事实证明，随着我们老去，皮质回旋之前的脑沟会变浅。这意味着周围皮质组织的萎缩。想象一个峡谷，由于周围悬崖被侵蚀而日益变浅。研究取得了预期发现，但还没结束。研究表明，脑沟的浅化完全不均衡，尤其是右脑的顶骨区和枕骨区。相比之下，左脑的脑沟随年龄增长的变化较小。

我转身去观察另一项关于大脑老化的核磁共振成像研究。研究人员来自澳大利亚——地球上我最喜欢的国家之一，我很高兴他们的研究也能展示在这里。这项研究关注的是脑岛，它是深埋在由额叶、颞叶和顶叶形成的“峡谷”底部的一个古老区域（“古皮质”而非“新皮质”）。脑岛的功能仍然是未解之谜，许多神经解剖学和神经科学的著作之所以提到脑岛，很大程度上是因为它的未知性。传统上，研究人员认为脑岛参与了嗅觉和味觉。但它所在的至关重要的位置和丰富的连通性表明，脑岛涉及更多功能，也许是整合躯体生理状态的信息，也许是连接外部世界的信息。澳大利亚研究团队的海报显示，左脑脑岛的灰质数量并不会随着时间的流逝出现特别的改变，但右脑脑岛的灰质数量大幅下降。

下一张吸引我注意的海报来自日本。这是一项运用体素形态测量学对男性大脑进行的 MRI 研究。神经成像中的“体素”相当于电视屏幕里的“像素”，它们是最小的空间分析单位。这样的单位可以让我们对大脑成像数据进行各种定量分析。例如，你可以计算一个特定脑组织影像所包含的体素数量，从而用数值表示它的大小。日本科学家就是这么做的，比较 30~40 岁、40~50 岁和 50~60 岁各类人群大脑组织的大小。一些神经组织随着年龄的增长在大小方面出现了明显的缩减，而且这种缩减更早出现于右脑而不是左脑。右脑的灰质在 30~40 岁已经出现明显衰退，对 40~50 岁的很多脑组织造成了影响。左脑的灰质衰退则开始于 40~50 岁。

还有一张海报与衰老和抑郁有关。通过使用 MRI 对患有抑郁症的老人进行检测，结果显示出额叶和右海马体（不是左海马体）的缩小，海马体和记忆密切相关，虽然其实它并不是存储记忆的地方。

我继续浏览下去，发现一张标题很有趣的海报，内容涉及衰老、性别、惯用手和脑容量。这项研究来自加州大学洛杉矶分校 UCLA 神经成像实验室——国际上久负盛名的神经成像中心之一。它的实验对象主要是年轻人，在这些 18~35 岁相对年轻的人里，就已经出现了灰质减少的现象。研究人员没有提及左右半脑之间的差异，但我在查看海报上的数字时，发现右脑灰质比左脑灰质减少地略多一点。

坚毅的左脑

以上五项研究表明，随着年龄的增长，右脑比左脑萎缩得更为明显，没有一项研究显示出相反的结果。该如何解释这种萎缩差异呢？我们知道，随着年龄的增长，左脑在我们的心智生活中发挥的作用日益重要，而右脑的作用则持续减弱。是使用差异导致了萎缩差异吗？使用得越多，越能减少萎缩？（下一章我们会讨论神经使用和神经保护之间的关系。）

在准备得出结论之前，我们先停下来做一个计算题。有关二项分布，用来计算硬币正反面概论的二项分布。我去会场时心里已经做出一个精确的假设：增龄性脑萎缩是不对称的，右脑受到的影响要大于左脑。我参加了每一次海报讲解，调查了会场里展示的所有海报。我可以自信地说，我挑选的海报样本不存在任何特殊偏见。如果剔除那些和萎缩无关的研究，包括没有对左右半脑萎缩进行比较的研究和显示左右半脑等量萎缩的研究，我们恰好剩下这五项表明左右半脑不对称萎缩的研究。我们刚刚回顾过这些研究。

第一项研究表明，右脑萎缩的概率要比左脑萎缩的概率高 0.5。后四项研究得出的结果也是 0.5。没有一项研究得出相反的结果。因此，综合全部五项研究，右脑萎缩高出左脑萎缩的概率恰巧是 0.5 的 5 次方，等于 0.031 25，一个极小的数值，只比 3% 多一点儿。（对于数学学究式的读者，我要指出这个计算结果反映了事实，即我设想的一个具体的先验假设：右脑比左脑萎缩得更严重。没有这样的一个具体假设，五项研究显示出的同向不对称概率，要么向左要么向右，会是 0.5 的 4 次方，也就是 0.062 5，仍旧是一个相当小的数值。）

根据科学家使用的公认统计惯例，任何发生概率低于 0.05 的事件都不会被视作偶然事件，而是被视作反映了一种真实规律。所以考虑到这一统计学的“黄金标准”，我在脑电图研究海报上的“收获”几乎不可能是侥幸。恰恰相反，它极有可能反映了一种真实的大脑现象。

右脑比左脑老得快的观点已经存在了一段时间，但始终没有可靠数据的支撑。这个假设主要依据的是神经心理学测验结果随年龄增长表现出的变化，但对这些变化的神经解剖学解释非常贫乏。例如，我们知道就韦氏成人智力测验（WAIS）而言，随着衰老，操作智商（PIQ）比语文智商（VIQ）下降得更快。但是出于多种原因，“语文智商反映左脑的功能性能力，操作智商反映右脑的功能性能力”这个一般假设显然是错的。[①]

---

① 部分原因包括：第一，在韦氏成人智力测验里，用于测量操作智商的分测验是限时的，而用于测量语文智商的分测验是不限时的。因为身心活动的速度通常随年龄增长而下降，所以是否限时会对两组分测验的结果造成不同影响。第二，大多数语文智商测验主要取决于教育文化背景，而大多数操作智商测验则相对不受教育和文化的影响。因此，个人的教育文化背景会以一种和大脑物理完整性无关的方式不相等地影响这些测验的结果。诸如此类。

因此，尽管很多人持相反的观点，但语文智商和操作智商随年龄增长而下降的速度差异，并不能告诉我们太多左右半脑在生命后期的变化。其他使用神经心理学观察法绘制左右半脑老化速度图表的尝试同样随意或有缺陷。但现在，我们终于可以通过神经成像直接证明右脑确实比左脑老化得更快。或者更乐观地看，我们直接证明了左脑比右脑更能抵抗增龄性衰退的影响。

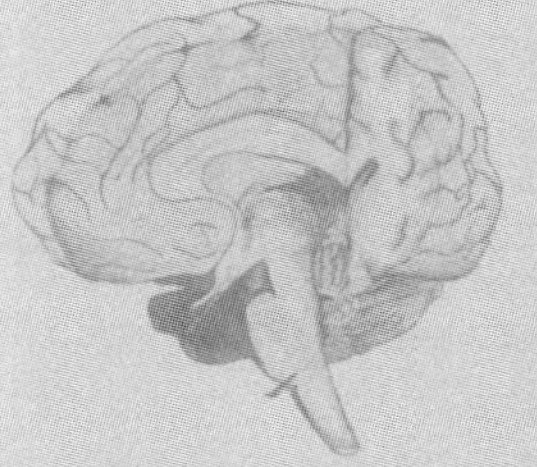

勤动脑、多受益

第 14 章

新神经元，新证据

为什么右脑比左脑衰老得快？是什么保护了左脑，使它成为智力四季里的“常青树”？左右半脑之间神秘差异的生物学基础是什么？大脑在老化过程中是否有可能也在自我更新，而且出于某种原因，左脑的更新过程比右脑更有活力？为了回答这些问题，我回到会场，继续在通道里走来走去，寻找资料验证我的另一个预测。

传统上，“用进废退”这句老话常用在体育界。但最近它在脑科学界有了新意义。过去 10 年里，研究人员取得了惊人的发现，它们改变了我们对于生命过程中大脑功能变化的基本假设，颠覆了神经科学界的一些神圣信条。就在 20 年前，我们还认为一个人的大脑里天生就存在神经细胞（神经元），它们随着我们的衰老逐渐消亡，且没有再生的可能。很多年前，我在苏联莫斯科大学读研究生的时候，半开玩笑半怀疑地把这个假设（从意识形态上说，“铁幕”两边对此均持不可知论调）称为 NNN 原则——“没有新的神经元！”（No New Neurons！）

神经科学家认识到，NNN 原则区别了大脑和人体的其他部位，因为大多数其他器官都具有再生能力。神经科学家还认识到，NNN 原则并不具备普遍性，因为人们许多年前就知道有若干鸟类和鼠类的大脑确实具有再生能力。

长期以来，像费尔南多·诺特波姆（Fernando Nottebohm）和约瑟夫·阿特曼（Joseph Altman）这样能打破旧传统的科学家屈指可数，他们试图将神经生物学界的注意力吸引到这些动物研究的发现以及它们对人类治疗的启示上。但没人理会他们的努力，都觉得这和人类大脑毫不相干。人们认为，人类是不同的，人类不能再生新神经元是我们必须为优先掌握旧神经元所付出的代价，旧神经元记录了我们先前获得的知识、我们的记忆以及我们自己。

表面上，从“神经目的论”来看，这听起来合情合理，因为我们非常确定，人类比其他物种更加依赖先前积累或习得的知识。但仔细推敲的话，这个观点站不住脚，因为无论我们是否愿意，终其一生我们一直在损失旧神经元。神经学家和神经心理学家很清楚，即使是非常健康的人群，在不同的年龄阶段，他们的大脑 CT 或 MRI 看起来也不一样，这意味着一定程度的神经元损失。我们知道，在正常老化过程中，新皮质（存储模式识别一般记忆）、某些皮质下组织和脑室（大脑深处含有脑脊液的腔体）似乎都会发生神经元的消亡。既然新皮质完全没有幸免，那么我们之所以能在新皮质神经元发生消亡的情况下保留先前积累的基本知识，唯一的解释就是假设我们的记忆，尤其是一般记忆，是以高度冗余的方式存储的。撇开其他不谈，这种冗余体现在我们前几章探讨的“模式扩张”里。

几十年来，被认为颠扑不破的 NNN 原则，终于在伊丽莎白·古尔德（Elizabeth Gould）等人的研究成果下变得站不住脚了，她证明了几种猴类身上存在着持续的神经元增生。猴子是人类的“近亲”，古尔德的研究发现不再被视为与人类不相干，反而特别激动人心，因为它们表明，额叶、颞叶和顶叶的多模态联合皮质都发生了新神经元增生。它们也表明，在整个生命周期里，海马体的新神经元也在不断增长。大脑的这些部位对复杂认知特别重要，无论是在正常衰老还是罹患各种痴呆症的情况下，都易受损害。新皮质和大脑其他部位（包括对形成新记忆非常重要的海马体）的神经元终其一生都在增殖，很可能会为人类的各种治疗打开大门。

现在，我们知道“没有新的神经元”这一假设绝非事实。在人的一生中，干细胞不断分化成新的神经元，即使我们变老也一样。因此，我们的大脑具有自我恢复和自我更新的能力。和长期持有的观点相反，神经元不会在婴儿时期就停止发育，远非如此，它们终生都在持续增长——进入成年甚至进入老年。

此外，这一点特别重要。越来越多的证据表明，新神经元的发育速度受认知活动影响的方式，与肌肉增长受身体锻炼影响的方式并没有什么不同。世界一流的生物医学研究中心索尔克生物研究所开展的实验清楚地证明了这一点。实验发现，沉浸在充满玩具、轮子和坑道等元素的环境里的老鼠和其他“爱动脑筋”的老鼠相比，其新神经元的发育速度要比无所事事的懒惰老鼠快得多（高达 15% 以上）。多元环境里的老鼠在各种啮齿动物的智力测验中也展现了显著优势。由认知训练引起的神经元增生在海马体内尤其明显。这一发现至关重要，因为我们知道，海马体对记忆特别重要，是在阿尔茨海默病早期阶段最容易受损的大脑组织之一。训练让大脑里促使神经元生长的化学物质的水平也在提高。这种化学物质被称为脑源性神经营养因子（Brain-Derived Neurotrophic Factor），或者简称为 BDNF。

虽然早期的很多证据都源自动物，但源自人类的直接证据也开始出现，这在科学界和生物医学界引起了巨大轰动。

近来的一些发现确实引人注目。例如，研究表明，新神经元在成人的海马体内持续出现。这一发现最早由瑞典科学家彼得·埃里克森（Peter Eriksson）报告，之后常被神经科学著作引用。更重要的是，新神经元增生不仅出现在健康人的大脑里，也出现在阿尔茨海默病患者的大脑里。这些发现无疑为“用进废退”这句老话注入了新的生命力。你可以换一种说法，“使用它并从中受益”。

心智活动能够改变大脑的观点越来越得到科学界和生物医学界的支持。杰弗里·施瓦兹（Jeffrey Schwarts）和莎伦·贝克利（Sharon Begley）合著的优秀作品《心智与大脑》（*The Mind and the Brain*）综述了近几年涉及该主题的大多数研究。但活跃的心智活动究竟给人类大脑带来了什么呢？如果你 10 年前问我，我会说，神经元之间的联系变得更多更强。这意味着树突和突触生长得更活跃，神经递质分子附着的受体发育得更多。我还会说，向大脑各部位输送血液（以及血液携带的氧气）的小血管增加了。

我现在仍会这样说。但过去 10 年里，我们在大脑可塑性及其如何在人的一生里持续被环境塑造方面有了更惊人的新发现。我们从动物研究中了解到这一点，这真正改变了我们思考大脑的方式。我们已经得知，认知训练能提高各种脑组织里新神经元的生长速度，其中可能包括前额皮质——一个对复杂决策特别重要的大脑区域，以及海马体——对记忆特别重要的海马状组织。

由于哺乳动物的大脑都是基于相同的基础神经生物学原则运转，我们可以合理地假设，人类大脑在整个生命周期中也能长出新的神经元。但是否存在直接证据？认知训练也能提高人类新神经元生长的速度吗？这种主张甚至在 10 年前听起来都非常古怪，更别说是 20 年前，当时我觉得，想一想这种可能都会侮辱我的智商。我错了！

证实大脑组织可能受环境刺激而生长的第一个证据，正是……出租车司机。这一发现尤其引人关注，因为它简单直接地给出了相关解释。研究发现，伦敦出租车司机的海马体特别大，比大多数人都大，而他们的工作需要记住很多复杂路线和地点。既然海马体对记忆很重要，而像伦敦这样的大城市里的优秀出租车司机必须记住特别多的空间路线和地点，那么可以说，他们的海马体要比大多数人绷得更紧，就像举重运动员的肌肉要比大多数人绷得更紧一样。此外，出租车司机入行的时间越长，他们的海马体越大：海马体的大小和出租车司机的工作年限成正比。这表明某种认知活动的数量和与其相关的神经组织大小之间，存在一种直接关系。①

① 作为无车一族的曼哈顿人，我出门常坐出租车，最后把出租车司机指挥到差点迷路。对于在纽约能否取得和伦敦出租车司机一样的实验结果，我并不太乐观。不过，欧洲与美国不同。在那里，开出租车或者在餐厅当招待是一种正式职业，而不是在演艺事业失意后暂且过渡，等中了彩票后就不干了的临时工作。

虽然认知训练能促进新海马体神经元的增生，但其他因素可能会阻碍它们的发育。事实证明，成年人海马体的神经元增生是一个脆弱而又能迅速恢复的过程。它可能会被大脑炎症打断，这种症状常见于各种疾病，比如阿尔茨海默病、路易体痴呆、艾滋病痴呆综合征等。（这可能是由于炎症对脑干细胞造成了破坏性影响，干细胞是一种之后会分化成各种特定神经元的“预制”细胞。）但当炎症减轻时，成年人的海马体神经元增生就会恢复。

证实了认知训练能促进新神经元的生长，我们接着提出下一个问题：这些影响是怎样产生的？大脑是一个由多个部位构成的复杂器官。不同的大脑部位负责不同的心智活动，不同的心智活动调用不同的大脑部位。如果心智锻炼，也就是使用大脑能促使新神经元的生长，那么不同形式的心智活动会促使不同大脑部位的神经元生长自然是一个非常合理的假设。

例如，海马体的增大是否只针对那些必须依赖空间记忆的活动，还是说某些脑组织对心智刺激的影响比较敏感，而另外一些脑组织对此不敏感？其他那些依赖不同认知功能的心智活动会对大脑造成什么影响？为了扩展思维，假如出租车司机的海马体增大的话，我们是否可以认为作家的左颞叶（负责语言认知功能）会增大，建筑师的顶叶（负责空间记忆认知功能）会增大，以及成功企业家的额叶（负责执行功能）会增大？还是说存在这样的情况，即凡是需要脑力劳动的职业都能促进某些脑组织尤其是海马体增大，而对除此之外的其他脑组织不起作用？

既然不同的认知活动调用不同的大脑部位，那么合理的假定是它们也会促使大脑不同部位的神经元增生。因此，“认知活动对大脑的促进效应至少在某种程度上具备特定性”这一观点并非全然不切实际。事实上，你越是思考，越会觉得它听起来合理。但无论是否合理，我们掌握了证明这种效应的直接证据吗？

双语者的大脑以及音乐家的大脑

对于伦敦出租车司机的科学研究结论非常惊人，但在一段时间里并没有其他佐证。正是因为这项发现令人吃惊，所以，仅此一项研究远远不够。越是设想长远和影响深远的科学观点，科学界为其设置的认可标准越高，越是需要更加严谨的验证，这是最不可玷污的科学规则之一，因此，科学界对于在出租车司机身上的这一发现仍持保留态度。

所以你可以想象，我在脑电图会场的几个小时里无意中看到两个类似发现时是多么激动，它们都应用了 MRI 技术。正如大会的风格一样，它们来自世界上两个截然不同的地方。

第一项是由伦敦大学学院认知神经科学与威康信托神经影像学中心开展的使用 MRI 测量角回大小的研究。角回是颞叶、顶叶和枕叶交汇的皮质区，它是多模态联合皮质的一部分，负责整合经多种感官渠道输入的信息：视觉、听觉和触觉。左脑的角回在语言功能中起着极为特殊的重要作用，尤其擅于处理各种关系结构：前 / 后、上 / 下、左 / 右、被动式、所有格，等等。我们通过广泛观察脑损伤对左角回的影响及其后果了解到这些，比如中风或枪伤患者。大脑的这一部位受损会引起严重的语言障碍，也就是一种特殊形式的失语症。角回是被研究得最多的大脑组织之一，很多科学论文和书籍都描述过它的功能，其中包括我的导师亚历山大·罗曼诺维奇·卢里亚的经典著作《创伤性失语症》(*Traumatic Aphasia*)。

威康研究海报的作者是一个年轻人，他有点儿紧张地在海报前一边踱步一边进行解释，不到几秒，我们就沉浸在热烈的讨论中。事实证明，双语者（精通两种语言的人）和单语者（只精通一门语言的人）相比，左角回含有更多的灰质，而且白质的密度更大。明白点儿说，这表示双语者比起单语者左脑存在更多的神经元和神经元连接。

作为一名双语者（事实上我会三种语言，但本书不必提及），我很高兴自己拥有一个更大的左角回，然后开始思考这项研究的意义。灰质由神经元及它们之间的局部短连接组成。研究表明，额外的认知活动会引起相关皮质区神经元数量的增加以及神经元之间局部短连接的增长。

神经元并非生来就具备各种功能。它们起初是侧脑室壁附近的未分化干细胞，之后干细胞才分化成特定类型的神经细胞并移往它们位于大脑不同部位的最终目的地，包括远离（就大脑空间而言）各自出生地的新皮质。如此看来，认知活动至少在某种程度上起到了调节神经元迁移的作用，不但决定了新神经元产生的数量，而且决定了它们的去向。

但这还不是全部。比起单语者，双语者的左角回不仅含有更多灰质，而且左脑的白质密度更大。白质由负责连接遥远皮质区的覆有髓鞘的长神经束组成。额外的认知活动似乎也能促进长距离神经通路的增长。神经通路和神经元一样重要，因为大脑的复杂功能依赖海量神经元之间的多元互动，无论是距离近的还是距离远的，而这种互动受控于神经元之间的通路。神经通路的矩阵越密，神经网络的功能性越强。此外，除了左脑，双语者右脑的白质密度似乎也比单语者大。该发现表明，右脑对第二语言的学习发挥作用，这符合我们之前探讨过的双语者功能性神经成像研究的结果。

这项研究确实引人关注，尤其是它既涉及早期双语者（年纪很轻时就学会第二语言），也涉及晚期双语者（年纪很大时才学会第二语言）。两组双语者和单语者相比，左脑的灰质增加非常明显。这表明认知活动的大脑增强效应并不局限于年轻阶段，它们也会一直持续到老年阶段。

下一项研究比较了职业音乐家和非音乐家（我们大多数人都是后者）大脑里一个叫作“颞横回”的皮质区的大小。这个皮质区对处理声音至关重要。你猜怎么着？音乐家和非音乐家相比，颞横回要大上一倍。而且，过去 10 年里练习音乐的强度越大，颞横回的体积越大。再一次，认知活动和特定大脑区域之间显著相关，这同样令人震惊。

几个月后，世界上最受推崇的科学期刊之一《自然》（*Nature*）杂志刊登了一项关于杂耍演员大脑变化的MRI研究。先前完全没有杂耍经验的健康志愿者接受了为期三个月的三球杂耍训练。训练结束后，志愿者至少能让球在空中停留 60 秒。对比他们训练前后的脑部 MRI 扫描图，结果发现左右半脑的颞叶和左脑的顶叶灰质数量都有增加。随着训练的中断，增加效应逐渐消失，顶叶和颞叶的灰质数量减少了。杂耍训练停止三个月后的 MRI 扫描显著地反映了这一点。因此，即使在一段相对较短的时间内，技能训练促进大脑特定部位神经元增生的效应也能得到证明。

爱唱反调的人可能会说，音乐家之所以成为音乐家是因为他们生来颞横回就比较大，这让他们拥有了一种特殊的音乐天赋。莫非出租车司机也是自然选择的结果，那些天生海马体较大的人因为能记住复杂的路线而更适合当司机？那些生来左角回较大的人语言天赋更强，所以学起语言也更快？虽然生理基础是影响我们命运的主要方面，但“命中注定”并不能解释一切。例如，它不能解释为什么海马体、颞横回以及其他大脑部位的大小与花在练习某种认知技能上的时间量成正比。它肯定也不能解释杂耍训练为何能对大脑造成快速可逆的影响。这些相关分析表明，影响生理的因素有很多，生理构造给每一种能力都设置了发挥空间（并不是一个固定的常数），我们最终能在这个空间范围内走多远，取决于我们自己——如何对待大脑，如何对待自己。

老化的大脑半球与痴呆症

因此，通过开展积极的心智活动，我们可以深刻地改变大脑，以至于某些大脑区域实际上可能会变大。那么下一个要解决的问题就是：哪些区域可能会变大？根据这些研究的描述，心智活动和受它们影响的大脑组织之间似乎是一对一的关系——出租车司机、双语使用者、音乐家和杂耍演员的活动性质各不相同。为了消除大家对认知 – 大脑激励效应专一性的疑虑，神经影像研究还需要更多更严格的控制。我的意思是，也要对其他一些很少参与或没有参与激励大脑认知活动的脑组织进行测量。你需要丝毫不差地验证，只有直接参与认知活动的脑组织会增大，其他脑组织则不会。不过本章之前提及的发现是个好的开端。①

---

① 有时候负面发现和正面发现同样重要，尤其是在前者有助于澄清后者的时候。人们很早就注意到，神经干细胞排列于大脑侧脑室周围的区域。就啮齿类动物而言，这些预制细胞从这里向额叶（不论它们的额叶有多小）底部的嗅球迁移，而且这个过程会贯穿动物的一生。但人类则不同。一群来自美国和西班牙的科学家已经证明，和啮齿类动物的情况一样，即使在成年期，人类的这种预制细胞也会在脑侧室壁附近持续生成。但和啮齿类动物不同的是，人类的这种预制细胞未能迁移至嗅球。耶鲁大学的帕斯科·拉基克（Pasko Rakic）将之总结为“迁移否认”，他是世界一流的神经学家，对成人大脑的神经可塑性持怀疑态度。

但这一负面发现是否意味着人脑里的干细胞不会迁往任何地方呢？当谈及人类与其他哺乳动物成体神经发生的不同点时，怀疑论者援引的论点是，人类大脑是从保护神经回路而不是修改神经回路中获益，因为我们比任何其他物种都依赖先前积累的知识。不可否认，后者是正确的，但正确的还有，我们不断获得新信息，不断更新知识，而不同的大脑部位对这些过程发挥着不同程度的作用。假设干细胞从脑侧室附近向目的地的迁移取决于目标区域的神经活动水平，那么干细胞就会被吸引到最活跃的地方去。果真这样的话，支配成年大脑神经细胞迁移的一般原则就会因物种而异，因为它们依靠不同的大脑组织生存。我们几乎没有理由认为，人类的这些细胞会迁往嗅球，因为人类相对来说最少依赖嗅觉，除非我们是厨师或香水调配师。我们可以更合理地认为，成人大脑里的视觉皮质、听觉皮质或者复杂的联合皮质可能会吸引干细胞源源不断地迁移而来。哺乳动物之间的差异也许不在于干细胞迁移的程度，而在于它们迁移的目标区域。“迁移受劳动力需求控制”可能是理解哺乳动物大脑，包括成人大脑里干细胞迁移过程的更为准确的方式。

现在让我们思考一下这些研究的现实意义。我们中的大多数人，事实上是全部，出于工作和个人爱好，使用某些心智能力的频率会比其他人高。这是一个普遍事实。音乐、语言以及复杂的街道路线或杂耍技巧的学习，只是大脑激励效应的相关案例，是一种普遍存在的个案。在某种程度上，心智活动的大脑激励效应甚至带点儿特定性——似乎是这样，它们可能会让不同人群的不同大脑组织受益。但这些不同之中是否也存在共同点呢？是否有哪些通用原则在控制心智活动的大脑激励效应，超越了教育、职业和经验等个人差异的通用原则？

让我们再次回到大脑的两个半球。我们知道，大多数认知技能在学习的早期阶段由右脑控制，但当达到一定的熟练程度后就转为左脑控制。这意味着随着经验的积累，我们在各种各样的心智活动和技能中越来越依赖左脑，无论这些活动和技能是否为某一特定个体所独有。随着年龄的增长，比起右脑，左脑似乎变得越来越忙碌，因此，左脑成了心智活动激励效应的主要受益者，无论这种效应是否特定。（当然，该结论成立的前提是心智活动的大脑激励效应多少带点儿特定性，我们有充分的理由相信这一点。）出于这种考虑，语言和杂耍这两种不同活动的实践对左脑的激励效应特别突出就不足为奇了。

因此，当脑电图会议接近尾声的时候，我感觉自己窥见了科学领域里未来的一个重要方向（有点儿扬扬得意，但也许还算有得意的资本）。事实上，会议给了我几个关系紧密的启示：

随着衰老，右脑比左脑退化得更快。

> 随着衰老，左脑比右脑更能从心智训练中获益。

虽然不是一个正规的亚里士多德三段论，但我们确实能得出下面的结论：

> 随着衰老，左脑更能抵挡老化的影响，因为认知活动在不断对它进行激励和强化。

早些时候，我们在书里讨论了教育对痴呆起到的抵抗作用。根据当前的认知，我们可以比较自信地得出结论：这可能是因为比起体力劳动，受过教育的人更可能依靠脑力劳动谋生，因而终其一生更能从各种心智活动的大脑激励效应中获益。在本章即将完结之际，我们可以总结说，比起右脑，这种保护作用在左脑体现得更加明显。①

研究痴呆症的神经学家长期以来一直困惑于早期痴呆症的全面性。痴呆症的早期表现多样，阿尔茨海默病尤其如此。大多数阿尔茨海默病患者的最初症状是记忆障碍，但也有很多患者大脑的其他功能首先受损：语言、空间定位、执行功能。数名神经学家，其中包括一位世界顶尖的痴呆症专家，判断认知减退的最初症状与记忆有关的患者之中，高达 70% 的人最后被确诊为阿尔茨海默型痴呆。而至少 30% 的患者在记忆下降

---

① 记住，这只适用于我们这些右利手的人以及大多数左利手，对于少数左利手的人来说，也许使用左手才是正确的（请参阅第 10 章）。

前就已经出现其他功能衰退，比如语言、空间定位或执行功能，同时伴有预示额叶受损症状的“人格转型”。

当研究人员首次发现阿尔茨海默病早期症状的多样性时，“阿尔茨海默病不是一种疾病而是多种不同的疾病”这样的假说开始传播。这种流行于 20 世纪 80 年代的观点已经过时了。更有可能的是，痴呆症早期的多种症状正是某些心智活动为人终生提供的多种神经保护的对立面。这些保护显然因人而异，取决于他们一生中活动的性质。一些认知功能得到的锻炼较多（从而对某些大脑部位形成神经保护），另一些认知功能得到的锻炼较少（从而不能对大脑其他部位形成神经保护）。后一类大脑组织相当于神经保护“盔甲上的小裂缝”，因人而异。人的一生中，某些认知活动会较多地使用大脑的一些特定部位，从而使得这些特定部位免受早期痴呆症的破坏（尽管是局部的、临时的）。这虽然只是一个假设，但却是一个有趣的假设。

按照这一逻辑，早期痴呆症可能会对不同人群产生不同影响：作家的语言能力比空间感受到的影响要小；建筑师恰好相反，语言能力首先受损，空间感更迟一些；负责战略规划的高管，额叶将会对大脑衰退的影响做出最长时间的抵抗；至于广受赞誉的伦敦出租车司机，记忆力会最后离他们而去，远远落后于语言功能或执行功能。

从锻炼赋予的神经保护中受益的大脑组织，能更长时间地抵抗神经衰退的攻击，也许能抵抗非常长的时间。现在有大量证据表明（还在增加），即使出现了阿尔茨海默病和其他痴呆症的神经病理学迹象，衰老的个体可能仍保有健全的功能和认知。纽约阿尔伯特·爱因斯坦医学院和加州大学圣地亚哥分校的罗伯特·卡兹曼（Robert Katzman）和他的同事研究了这类人群样本，发现他们的脑重量和神经元强度都高于对照组。可能大脑的重量通常与大型神经元和神经通路相关，而后者受益于人在一生中活跃的认知使用。这种假设在 10 年前还会被认为是异想天开，现如今已得到许多观察结果的支持，比如对伦敦出租车司机、双语使用者和职业音乐家的观察。

我之前引用过相似的研究——那些明尼苏达州曼卡多圣母修道院的修女。在她们的生活中有着丰富的心智活动，且给人以精神激励。修女也以长寿和保持到老的心智活力著称。阿尔茨海默病似乎放过了她们。但在一些修女死后，通过对她们的大脑进行检查，研究人员发现了阿尔茨海默病特有的斑块和神经元缠结。尽管出现了阿尔茨海默病的神经病理学临床特征，修女的智力却并未受到影响。这怎么可能？最合理的解释就是，终生心智活动提供的神经保护，足以抵消给人造成痴呆的大脑疾病的影响，使修女即使出现了病理学征兆，仍能保持清晰的思路。

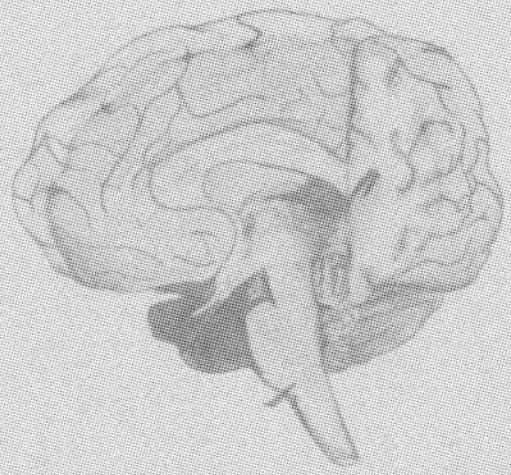

认知训练

第 15 章

体育、艺术、爱因斯坦的小提琴

近年来，科学研究发现，“心智活动确实能改变大脑功能”，这使我坚信严密、系统地设计心智活动极具价值。我以前就曾倡导过这种观点：在个体老化的过程中，对他进行积极的心智训练确实可能会帮助大脑抵抗衰退。基于这种观点，我在纽约发起了一个认知训练项目，项目进展顺利，在我写作这本书时已经吸引了许多参与者。我有充分的理由认为，我们的认知训练项目（我们通常称之为“认知激励”或“认知锻炼”项目）会继续存在下去并一直吸引新的参与者。

人们早就知道，教育可以起到保护作用，预防心智衰退和痴呆症。这是麦克阿瑟养老社区项目——著名的多中心研究机构，研究成功步入老年阶段需要具备哪些关键要素——得出的一个出人意料但现在看来又非常合理的发现。假设受教育者比未受教育者的心智活动更活跃——主要是工作性质的原因，那么这种活跃的活动就会调用我们在前几章讨论过的所有神经保护机制。我们不难想象，比起难免缺少计划的忙碌日常工作，建立在可靠的神经心理学基本原理基础上的、设计精良的认知训练能更有效地激励神经保护。

每当我向不知情的公众介绍“认知激励”这一概念时，我总是充满信心但又心怀忧虑。我并非担心科学实证不充分（我相信它的存在非常广泛），而是担心公众会有疑虑。对一名心存怀疑的读者来说，锻炼心智或许听起来有点儿牵强，是从未接触过的陌生事物。但我会说，心智锻炼是一种最古老的人类活动，我们大半生都在进行这种活动。为此，我们需要研究一番艺术的神秘功能。

有史以来，体育和艺术这两种消遣方式就一直处于人类文明的中心。它们几乎成为每一种文化的核心，彼此紧密相连。古米诺斯人表演公牛舞（体育与艺术的融合），在克诺索斯以及克里特岛建起迷宫般的精巧宫殿，并在宫殿的墙壁上作画。古埃及人留下的精美的纸莎草上详细记录着摔跤图案（又是体育与艺术的融合）。古希腊人无疑奠定了西方艺术传统和成赛制的体育运动（奥运会）的基础。而今天，观看最新的百老汇歌舞剧和去健身中心健身同样是曼哈顿高生活水准人群的社交活动。

对我们的文化来说，体育和艺术如此融入其中，以致我们将它们视作理所当然的存在，从未思考过它们的功用。在《求偶心理》（*The Mating Mind*）这本书里——我读过的最新颖、发人深省、讽刺当下的作品之一，杰弗里·米勒（Geoffrey Miller）从进化起源的角度探讨了这些问题。但在现代社会里，某种特性及其功用的进化起源未必完全相同；事实上，它们很不一样。那么对如今的我们来说，体育和艺术的功用究竟是什么呢？

体育的功用显而易见。虽然没有明确的实际用途，但体育锻炼增强了体质，养成纪律意识，让我们更有准备地迎接身体上可能遇到的各种挑战。体育锻炼也让生存所必需的重要系统——心脏、血管、肺部系统——变得更加强壮。因此，我们本能地习惯性将体育作为一种有用的生活方式，尽管它并不带来具体的实用目的。体育锻炼可能早于人类而出现。可以说，大多数哺乳动物经常追逐打闹，其前身就是一种体育竞技。① 牛头獒布里特有时会在晚上突然“发疯”，一边狂野地冲出公寓，一边大叫着催我加入，有时它还会和我陷入“拔河”状态，每到这时，我就会想到其行为在动物世界里的喻义。米勒在书中提出，体育比赛本质上是一种向异性展示健康身体的自我宣言。也有人说，体育将雄性的竞争冲动转变成了非致命的、非暴力的程式化对抗。这些很可能是体育进化的一部分，但不是它在如今表现出的全部功用。首先，并非所有的运动都具有竞争性。的确如此，当我说服自己去小区的健康俱乐部（虽然只是爬上几层楼的高度，但对我的意志力是个真正的考验）游泳时，我最先想到的是家族性心脏病以及如何减少自己的发病概率，完全没想过向异性展现自我或者转移好斗的冲动。

那么艺术呢？艺术在我们的生活中同样根深蒂固，甚至基础更加扎实。艺术“润物细无声”地渗入生活，使得我们对其视而不见，很少考虑它的功能或起源。不过，谋求理解人类文明史上艺术的功能和起源的所有尝试都未能完全成功，只产生

① 内啡肽的特殊作用不在我们讨论的范围，这种由剧烈运动释放出的“快乐激素”能让人感觉幸福，比如说“跑步者的愉悦感”。简单地说，剧烈运动释放的内啡肽可能是对其他“无用”体力活动的一种奖励机制。

了一些不那么令人信服的猜想。

有人说，艺术像科学一样帮助我们理解周围的世界。笼统地来看，这种说法可能是正确的，但人类的所有活动几乎都是如此。因此，这种近乎陈词滥调的真理说明不了任何问题。如同科学一样，艺术在很大程度上是一种脑力追求，但和科学不同的是，艺术只能间接地帮助我们理解世界。一旦你认识到艺术创作和科学主张对“真 / 假”定义的区分，就会明白这种间接性是多么显而易见。艺术还有一点和科学不同，它的发展并非清晰可辨的渐进式过程。（几乎没人会否认 21 世纪的科学比 19 世纪的科学更先进，但我们能否认当代艺术比文艺复兴时期的艺术先进，以及文艺复兴时期的艺术比古希腊的艺术先进吗？）

人们试图从宗教仪式中找到艺术的起源。即使过去果真如此（这一点本身就很难证明），艺术的宗教基础也很难与世俗主义“和平共处”，这一点甚至在亚瑟·兰波（Arthur Rimbaud）和威廉·亨利（William Henley）堪称亵渎神明的诗作或萨尔曼·拉什迪（Salman Rushdie）的小说中被证实。不过它们仍是伟大的作品！而且，假如艺术起源于宗教，你可以预见它在我们这个日益世俗化的时代里会衰落到何种地步，但显然这并未发生。你甚至可以说，宗教戒律有时会阻碍艺术的发展，而非起到促进作用。犹太教、基督教和伊斯兰教某些派别禁止写实的艺术形象就是一个例子。

有人提出，与科学不同，艺术能传达情感，这是艺术的独特功能。但 M.C. 埃舍尔（M.C.Escher）的作品和雅科夫·阿加姆（Yaacov Agam）的蚀刻版画以及平版画几乎不带情感；它们看起来近乎理智，是数学算法准则的产物。17 世纪的赋格曲几乎像数学一样精确排列；也没什么比安伯托·艾柯（Umberto Eco）的散文或 20 世纪早期的一些实验主义诗歌更具解析性。

艺术的功用如此难以捉摸，以致有人提出它在本质上其实无用。一个独树一帜且颇具煽动意味的理论认为，包括音乐在内的艺术是一种多余的“无用”活动，它唯一的社会功能就是让从业者在交配游戏中向未来伴侣炫耀心智的健康。展开来说，你可以认为只有高度发达的社会才能“消费得起”艺术。因此，艺术的价值只存在于拥有富余资源的社会中。基于艺术本质无用的假设，“性艺术”理论（我给它起的绰号）将艺术的唯一效用视为一种替代品，也就是在其他方面能力强大的标志。按照这一逻辑，我们可以得出结论：艺术不仅无用，事实上甚至可能有害，耗费了从业者大量的心智资源。这就产生了矛盾，由于艺术从业者能肆意挥霍心智资源，因此艺术恰恰是心智资源充沛的标志，就像暴发户为了炫耀财富，会在只需 2 块钱小费的情况下给出 100 块钱小费一样。基本上，这个观点意味着人类的大部分智能，包括创作和欣赏艺术的能力，就像孔雀那引人注目的鲜艳尾巴——只会消耗资源，完全是为了诱惑异性而进化出的一种多余的、本质上毫无用处的摆设。米勒在书中概述的“艺术的性展示”理论提供了一个有趣的视角，但问题是，艺术的进化根源（无论它们可能会是什么）和艺术在现代社会中所起的作用之间存在何种差异。这两者可能离得很远。虽然我喜欢米勒的书，但我认为不该全盘否定艺术对于人类的直接生存价值。尽管极具煽动性，但这种否定对我来说近似于解释无能的“恼羞成怒”。与此类似，有人甚至说艺术“在生物学上毫无意义”。这种解释本身才叫毫无意义。还得继续加油！

艺术最令人费解的事之一是它的形式多种多样，无法找到共同的特征。日本书法和一场重金属音乐会本质上有什么共同点呢？（多么古怪的想法——天哪，没有！）但两者都属于艺术，我们一看就知道。体育方面同样可以提出相似的问题：帆船和乒乓球之间有多少相似之处呢？恐怕就像书法和重金属一样几乎不存在。我们不可避免要用体育和艺术做类比，因为体育也包含许许多多在本质上毫无共通点的不同运动。

我认为艺术的本质不在于艺术品（广义上）的内在属性，而在于它对我们起到了什么作用。在我看来，艺术的起源和功能近似体育的起源和功能。但如果体育存在的理由是锻炼身体（至少在其本质方面），也就是心脏、肺和肌肉，那么艺术存在的理由就是锻炼头脑（至少在其本质方面），也就是服务于各种感知和认知功能的大脑部位。我认为艺术的社会功能是锻炼头脑和感知，从而以一种无须关联特定实践任务的开放方式提高智力。在这种情况下，艺术和音乐就并非心智健康的无聊标志，而是达到和维持心智健康的重要工具。质疑这一观点的人可能会问，既然我们一直在忙于“现实”的功利性智力活动，为什么还需要一种专门的心智锻炼形式呢？对于他们我会说，这些活动相当狭隘和重复，往往受限于一个人的职业和社会角色。相反，艺术可能是锻炼智力、感知和大脑的一种更加普遍、有效、全面而不那么狭隘和受职业限制的方式。在某种意义上，文化中不断新增的艺术形式可能预示了“认知训练回路”的概念。这固然是一个需要进一步探索的猜想，但合情合理。

艺术和体育一样，在任何年代都不是为了某些特定、狭隘的生存目的而生。它们将人们从“不得不做”的痛苦中解放出来，让他们能够品尝自由选择的愉悦，而不是被迫去做义务之内的事情。人们爱好艺术和体育是因为他们乐意，而不是因为他们必须——这是职业和爱好的一个关键区别。但在诱人的愉悦之下，潜藏着强大的生理和认知的自我改善工具。对那些选择放纵自己的人来说，显性诱惑和隐性效用的结合正是艺术和体育区别于其他人类活动的根本。

艺术能够促进大脑开发的概念早已深入人心，至少早已深入公众的潜意识。父母给婴儿（甚至胎儿）播放莫扎特的音乐，希望能促进他们的认知发育。科学家、政治家都有艺术爱好，这一点也是众所周知，比如爱因斯坦爱好小提琴，丘吉尔爱好绘画。

我以前的学生贝丝·奈曼（Beth Neimann）做过一个有意思的个人观察。自从几个月前开始上钢琴课以来，她发现自己的敏锐度和清晰度全面上升，甚至在从事与音乐无关的认知活动时也是如此。尤其在上完一堂音乐课后最明显——等于一次认知训练。这种效果类似著名的“莫扎特效应”：听完古典音乐后，你在各个方面的感觉都会更敏锐。显然，很多杰出的智者，比如爱因斯坦和丘吉尔，都隐约意识到了这一点（也可能明确知道，但没人问过他们）。

衰老和认知锻炼

看到不断出现的科学证据，想到认知锻炼数世纪甚至数千年来一直以不同的面目存在，我深受鼓舞，认为我们可以随时发展自己的认知激励项目。科学文献描述过一些能成功增强记忆力的项目。这令人鼓舞，但我觉得至今仍有大量的神经心理学知识未能得到开发，亟待投入到实际应用中去。

随着美国人口结构的改变，临床实践情况也在改变。我发现越来越多的 60 岁、70 岁、80 岁的老人表现出细微或不那么细微的认知下降迹象，他们有的已经退休，有的仍活跃在工作岗位上。不知不觉中，他们的焦虑和我的焦虑交融在一起。通常，他们最担心记忆下降，但记忆是一种复杂功能，而“记忆下降”的内在觉察可能潜藏在许多事情的后面，包括那些实际上和记忆没多大关系的事。广义上，公众经常把“记忆”这个词当成“认知”使用，因此他们对“记忆障碍”的抱怨包含的信息相对较少。还有一些人担心自己心不在焉、不够果决，或是最近脾气暴躁。

在大多数情况下，我们会进行非常系统化的神经心理学评估，包括注意力、记忆力、问题解决及其他功能等各种形式。一般来说，人类对自我精神世界的内省远远没有他们以为的那样精确，而我最不愿意做的事就是轻信患者的自我诊断。我认同的临床实践介于神经心理学实践和牙医实践之间——虽然这样的比喻不够贴切，但从根本上看是准确的。当患者抱怨牙疼时，牙医新手可能只会对上颚疼痛的地方进行 X 光检查。但资深牙医则会对整个上颚进行 X 光检查，然后可能会在口腔的另一个地方发现脓肿——这就是一种“牵涉性痛”现象。

神经心理学评估通常能发现认知下降的细微迹象，但有时也什么都发现不了。虽然一些病人明显患上了可辨认的早期痴呆症，或者是轻微认知障碍（MCI），但很多人其实并没有患病，仍能过上积极有成效的生活。

然而，他们都抱怨自己的认知能力下降了，即使我们在测验中没有发现认知障碍的证据。我们不能忽视病人的抱怨，因为无论测验多么灵敏，它们都可能会遗漏某个微妙的认知改变，尤其是面对非常聪明的个体。通常，我们不了解这个人在5年前、10 年前或是 20 年前是什么样子的。我们对他的全部了解都来自评估时的所见所闻，我们能做的一切就是比对病人的表现和所谓的“标准”，也就是描述其他个体——年龄、教育等人口统计特征相近——典型表现的参考数据。但假如我们的病人是非典型情况呢？假如他特别聪明和有天赋呢？这样的话，尽管认知能力真正下降，甚至可能下降幅度很大，但病人比起典型人口样本来说仍旧好得多。我称之为“爱因斯坦现象”。阿尔伯特·爱因斯坦即使智商下降 20 分，也比普通人的智力水平高很多，但他自己会感觉到不同。

你该如何面对这样的人？他们有的只是听从医嘱而来，本身并没有什么特别的认知感受；有的则是自己主动而来，内心充满强烈的急切感和焦虑感。他们需要的不仅仅是诊断，他们需要帮助。主要是为了帮助这些人——聪明、衰老、焦虑，但又为此积极行动起来，在彼得·朗（Peter Lang）、德米特里·鲍加科夫（Dmitri Bougakov）、拉利塔·克里希纳穆尔蒂（Lalita Krishnamurthy）、迈克尔·齐默尔曼（Michael Zimmerman）、埃里克·罗森温凯尔（Eric Rosenwinkel）、雅基·巴内特（Jacqui Barnett）等同事的帮助下，我开发了认知激励项目。在设计这个项目时，我们刻意模仿了传统的健身中心。我们认为，模仿众所周知的存在会让公众更容易理解我们的认知激励项目，并和他们已经接受的某些东西产生共鸣。用科学术语来说，这种共鸣叫作“表面效度”。你在健身中心会见到各种器械，用来锻炼不同的肌肉群或生理系统。你在我们的认知激励项目里会使用电脑进行各种训练，用来锻炼心智的不同方面，也就是说，我们的认知激励中心拥有很多电脑，而非那些令人生畏的钢铁装置，比如杠铃、哑铃等典型的健身用品。

早些时候，我们在书里讨论过众多复杂的心智功能，我们在认知锻炼中心为它们准备了相应的认知训练项目（通常不止一种）。我们为记忆力、注意力、语言、推理、问题解决等各种功能的各个方面设计了独立训练项目和整体系列训练项目。当然，这些都是非常宽泛的范围，每一种功能还包括很多具体的心智功能。例如，注意可以分成持续注意、分散注意等。同理，记忆可以分成非语言记忆、物体视觉记忆以及空间构型的视觉记忆等。解决问题的能力基本上分为空间的、非语言的，之后可能会涉及推断。我们试图通过专门训练，尽可能涉及这些方面。

我举几个例子。旨在培养持续注意的训练项目可能会“把你打倒”，因为屏幕上出现的每一串序列都需要做出不同的反应。相反，旨在培养分散注意的训练项目需要你同时对屏幕上不同部位出现的不同事件做出反应。旨在培养规划能力的训练项目要求你在一片田野里确定一条路线，不过移动位置会受到限制，完全要靠你的聪明才智去分辨。如果这时游戏规则变了，你就会被迫跟着改变，从而挑战和锻炼你的心智灵活性。以此类推。每一种训练项目都有不同的难度，并且随着游戏进程逐渐增加。

训练项目包含电脑益智游戏，[①] 但都经过精心挑选，以便用一种精心选择的、有针对性的方式训练心智的各个方面。由于项目的高度计算机化（相对于纸笔来说），我很难在书里举出具体的例子，但我希望你们能理解我的意思。

在健身中心，你会接受私人健身教练的辅导。在认知激励中心，你也会拥有一名监督和指导认知训练的私人认知激励教练。教练会帮你开关电脑，帮你从一项训练切换到下一项训练——对患有计算机恐惧症的参与者特别有帮助。这种监管亲密而不具压力，参与者很快就能克服和忘记自己的计算机恐惧症。

训练开始之前，我们会通过一项基线评估来确认参与者的认知强项和认知弱项。我们目前可支配的认知训练项目足够为

---

① 电脑游戏分为英雄屠龙式的“动作游戏”、脑筋急转弯式的“益智游戏”以及“策略游戏”。

每一名有需要的参与者定制训练计划。如果有特殊要求，我们也可以决定是集中解决弱项问题，还是提供一个无所不包的“鸡尾酒治疗”服务。

通常我们关注的是参与者的弱项。客户有时会因此大惊失色：“为什么我要做那么难的事，明明还有更容易的选择！”但如果我们的理论是正确的，认知训练能提高相应大脑组织的功能，那么对认知弱项的强调也是合乎逻辑的，就像一名高尔夫球手试图消除比赛时的薄弱环节而进行针对性训练一样。

这种方法与患者在中风或脑外伤恢复过程中的认知康复形成了鲜明对比。习惯上，治疗师试图教导患者绕开或规避受损的功能，而非去改善它。但就物理医学而言，比如大脑科学，身体的自然可塑性越来越受青睐，随之而来的便是康复基本原则的范式转移。我们直面而非避开客户认知弱项的信念符合物理医学的范式转移，也深受神经科学在近几年获得的相同发现的启发。

传统的物理康复原则是，当病人因为中风或其他神经退行性疾病而丧失使用一条手臂或一条腿的能力时，你要教会他们使用完好的肢体来完成原先由受损肢体控制的功能。但最近，一种完全不同、大胆无畏的方法问世了，它在很大程度上归功于阿拉巴马大学伯明翰分校爱德华·陶布（Edward Taub）的研究。在康复过程中，你不再强调完好的肢体，而是用皮带将其固定，鼓励病人像受伤之前一样使用假定失去作用的肢体。这一看似不切实际的行动在很多情况下取得了惊人的成功。显然，残疾肢体的使用促进了因中风受损的大脑区域内新神经通路的发育，甚至可能是新神经元的增生。这甚至还会刺激大脑的其他部位（通常是毗邻的受损区域）接管对残疾肢体的控制。

让我们回到认知激励项目上。和你需要经常去健身房锻炼身体一样，我们也鼓励参与者经常来认知激励项目中心，一周两到三次，一次一小时。每节课程由六项认知训练组成，不同课程的训练内容也不同。训练初期，我们的认知训练教练会采取“一对一”的形式为每一名项目参与者制定个性化课程。但随着时间的推移，会出现一种有趣的“成双成对”现象：丈夫和妻子，或是两个朋友一起参与。然后训练课程会变成亲密的家庭活动，夫妻双方各自坐在电脑终端前，各自忙着认知训练。他们在教练的监督下独立训练，携手共进。

健身中心锻炼身体，认知激励中心训练认知。但除去明确的主要目的之外，它们也能满足各自成员的附加性社交需要。随着时间的推移，我们越来越清楚地认识到，客户和教练的私人关系日益紧密，而且对他们中的很多人来说，这是整个体验的重要组成部分。看来去某些地方和他人互动似乎也是一个重要的社交功能。

观察项目参与者的训练过程非常有趣。有些人将训练视作任务，全神贯注、不受干扰。有些人则相反，他们似乎是为私人认知教练的陪伴而来——品貌兼优的年轻教练显然填补了项目参与者私人生活和社交方面的某些空白。

通常，提高认知和社交需求的融合会让客户真正爱上我们的项目，即使他们起初满心怀疑。虽然项目设计的动机是为了锻炼认知，但随着时间的推移，我开始重视它在社交环境里的有益附属价值，并将其视为成功的一个重要因素。几乎无一例外，客户喜欢我们的训练，经常在一小时的课程结束后还恋恋不舍。很多人想要超越自己，关注自己在每一门课程上的表现，确保自己不断取得进步，进步不大时就冲自己发脾气（尽管工作人员对他们进行了安抚）。

在我看来，老年客户这种好胜心的复苏本身就具有令人精神抖擞、返老还童的强大治疗效果——其中很多客户可能数年或数十年对生活无欲无求了。看着老年客户重新焕发生机，这感觉相当神奇。随着项目的发展和成熟，它也从“学生”的反馈和反响中获益，这些学生和纽约这座城市一样多元嬗变。

各种各样的新纽约人

露易丝 72 岁，是一名退休作家兼编辑。虽然她住在时尚、整洁的曼哈顿上东区，但在我看来，露易丝是典型的“下城”新纽约人：聪明、直率、做事一丝不苟，充满想象力。她过着一种领先主流社会风俗数十年的波西米亚式的自由生活。

70 岁出头时，露易丝忧心忡忡于自己正在衰退的记忆力和注意力。她对自己偶尔做出的糊涂事感到惊恐，比如把脏盘子拿进卧室而不是厨房，忘记关炉灶或是忘记冲厕所。露易丝断定自己患上了阿尔茨海默病，即使身体尚好，但她的智力“末日”已经来临。绝望和无助笼罩着她，她对未来逐渐失去希望。

纽约一位著名的神经学家将露易丝转交给我。她的 MRI

和神经心理评估基本正常。少数几个可疑的异常发现也与露易丝的担忧不符，但我不能排除“爱因斯坦现象”的可能性。我和她聊了我们的项目，她满腔热情，成了首批参与者之一。

露易丝加入项目的几年里，发生了巨大的转变。绝望感渐渐消失，让位给认知激励（我找不到更合适的术语）。虽然自认记忆力仍然很差，但露易丝将注意力从做不到的事转向做得到的事。通过训练，她逐渐发现了她能做的所有事，并且认为她能做的事还有很多。

几年后，露易丝已经准备好迎接更大、更强的挑战。她开始在当地一所有名的大学学习本科课程。即使不再参与我们的认知激励项目，露易丝仍和我们保持联系，定期打电话给我，自豪地汇报她的大学学业，但也时不时地唠叨说她的成绩只能排在班级中游，没法跻身上游。然而，我们一致认为，在远离学校多年而且还可能患有阿尔茨海默病的情况下（尽管想象多于现实），她仍能在一群孙子孙女辈的学生中间独树一帜已是相当不错。毕竟，在相隔 56 年后，她还有足够的自信重回学校，并且还想争取好成绩。

我之前在一次图书签售活动上见过露易丝，她自豪地宣布她刚刚领到自己的学士学位，打算继续攻读社工专业的硕士学位。驱除了心中的恶魔，她已经准备好去帮助别人了。在和我的交谈中，她强调了认知激励项目给她带来的重要改变。她感觉定期参与心智训练后，她的记忆力大幅提高，头脑愈加敏锐。露易丝重新获得了她害怕永远失去的信心和能力，开启了一段新生活。参与认知激励项目减轻了露易丝对阿尔茨海默病的恐惧，它教会她要保持良好的状态，锻炼大脑和锻炼身体一样重要。用她自己的话来说，这一经历让她再次感觉充满力量，使她能“控制”自己的记忆力、注意力、推理能力，并且重新找回了自信。

露易丝的转变简直就是奇迹，但我并不相信奇迹。那么，什么才是她这个“神奇”故事的关键呢？露易丝和我都认为，我们的认知训练项目对她的认知功能有着直接影响。但我也认为，能够坚持一周两次参与我们的认知训练使露易丝走出了绝望和放弃的阴影。在参与我们的项目之前，她处于一种“习得性认知无助”的状态，但现在她已经走出来了。赋能——重新连接的“能力”而非“无能”——是项目参与者描述亲身体验最常用到的词。

正如该项目赋予露易丝信心，让她有勇气时隔56年后重返大学课堂一样，这个项目也帮助艾琳娜继续从事她挚爱的表演行业。尽管已经82岁了，艾琳娜仍然喜爱忙碌的舞台。然而，她感觉她的表演生涯正日益受到记不住台词的威胁——记台词是女演员的基本技能。艾琳娜身材娇小、玩世不恭，非常聪明、语言犀利。她不畏权威，每当她觉得我在为难她的私人认知训练教练时，她就会严厉斥责我一顿。

艾琳娜在一名听说过我们项目的朋友的推荐下联系了我，当时她对自己日益严重的记忆问题既焦虑又沮丧。虽然在社交场合，她能拿自己的“老痴瞬间”开玩笑，但她内心里知道这可不是开玩笑的事。艾琳娜在表演上越来越感觉吃力，她似乎一点儿都记不住刚刚扮演过的角色的台词。即使艾琳娜认为她最终记住了，但能否及时想起来仍是一个问题。她会说“‘台词似乎’从我的脑海里掉出去了”。

刚开始训练的时候，艾琳娜总是滔滔不绝并试图和教练交谈。她似乎并不想接触电脑和即将开始的任务。用她的话来说，她觉得她没有耐心。她觉得她“没有好演员必备的集中力和专注力这两项技能”。但随着时间的推移，艾琳娜开始被项目吸引，并且越来越享受训练。没过多久，艾琳娜对自身认知能力下降的态度发生了巨大转变。她不再认为“老痴瞬间”是老龄化过程中一个正常而不可避免的部分。她对自己的记忆状况更加乐观，并努力通过我们的认知训练去改善记忆。不久前，艾琳娜高兴地告诉我说，她刚刚“用自己记住的台词”演完了一出戏，“至少目前是这样”。参与项目两年半后，艾琳娜承认“那种一觉醒来就能恢复全部记忆的奇迹并不存在”，但她觉得她的头脑更加清晰，也比“过往任何时候更擅长短期记忆”，尽管并不能持久。大约在艾琳娜加入项目的同时，她还参与了一家医疗中心的重要研究，每两年接受一次全面的系列测试。艾琳娜最近接受的测试结果表明，她的认知能力既没有提高也没有下降。艾琳娜和医疗中心的医生都认为，这“实质上是一种提高，因为在我这个年龄，认知能力下降的可能性更大”。

90 岁已退休的 A 医生的情况特别有意思，因为还有一些临床上的未解谜题。A 医生富有教养、事业有成，既为自己骄傲，又对自己严格要求，但他患了脑积水。这种以脑脊液障碍为特征的疾病，是导致早期痴呆的常见原因。A 医生通过外科手术植入了一根细管（“分流器”），它可以将多余的脑脊液从大脑引流到腹腔，达到使腹腔吸收的目的。通常情况下，分流器必须每隔一个月就调整（“修正”）一次。

A 医生在妻子的陪伴下来到我的办公室，他妻子也是一名退休职员。这对夫妻显然非常亲密，妻子越来越担心她丈夫的认知能力。两个人都受过高等教育，询问项目的时候也很谨慎。最后他们决定让 A 医生加入项目试试看。在他开始参加认知激励课程之前，我们像往常一样用一系列神经心理学测试评估了他的认知能力。这些测试起着非常重要的作用，它们建立了一种参考架构，也就是对比未来变化的一条基线。

大约三个月后，我们重新评估了 A 医生的认知能力。他的表现显然得到了全面提高：记忆力、注意力以及其他能力。这种定期的重新评估也很重要，因为它们对项目参与者的进步或不足提供了一个精确客观的定量测度。但我们也发现，我们的神经心理学测试和认知训练项目只有在参与者的实际认知功能层面才有用。无论我们的测试多么先进，它们也只能粗略地测出参与者在现实生活中的认知表现。这无外乎是因为现实中的情况、需求和环境太过复杂多变，设定标准毫无意义。因此，我们要求项目参与者及其家人直接告知项目对他们在现实生活中的表现可能产生的影响。从根本上说，这才是最重要的。所以，大约三个月后，我询问 A 医生是否感觉到认知能力的改变，并向他妻子提出了同样的问题。

A 医生觉得每周两次的课程肯定改善了他的短期记忆。他感觉自己更愿意享受日常生活。他能更好地记住当天和前一天做的事情，他也能更好地记住和亲戚朋友谈天说地的场景以及当时的情绪。

他妻子也觉得 A 医生参与项目后有了明显的进步。在 A 医生开始训练之前，他妻子非常担心他会“慢慢老年痴呆”，但现在她觉得他的短期记忆似乎比较稳定，虽然偶尔也会忘记，但是他的注意力更加集中了。最重要的是，她原来觉得丈夫越来越冷漠，现在则更像以前的他了，“能自主判断，欣赏音乐会、戏剧……”令她喜出望外的是，A 医生重新开始大量阅读，时不时弹弹钢琴，表现出良好的“古典音乐记忆”。

他们都强调治疗环境和治疗本身一样重要。A 医生说：“我知道妻子永远会在我身边支持我、帮助我、爱我，这是我在治疗过程中的主要优势。”他妻子证实，A 医生在记忆、规划、思考等方面仍旧非常依赖她，这似乎是他们之间存在已久的一个互动特征。

难道我们的项目在这个案例中充当了“转移注意力”的工具？毕竟，A 医生植入了分流器，随后的 MRI 也显示他的侧脑室变小了。因此，根据 MRI 来判断，几个月前植入他大脑的分流器似乎起作用了，脑积水的症状也减轻了，这也对他的认知能力起到了治疗效果。但一般来说，分流器在植入几周内就能明显起到稳定认知的效果。A 医生在植入分流器两个月后才开始我们的训练，而且当时进行了神经心理学基线评估。我们的测试以及 A 医生和他妻子反馈的认知改善都是与基线评估做过对比，因此这种改善不可能是分流器的作用。它肯定和我们的项目有关！

对部分项目参与者来说，他们的动机是预防而不是治疗。

保罗就是其中一个，他是一名成功的跨国企业家。保罗聪明有活力，外貌和举止都要比 65 岁的实际年龄年轻许多。他也没有表现出认知能力下降的任何迹象。保罗相当热爱读书，每次来我的诊所都会带上一本新书。尽管如此，保罗决定加入我们的项目，以此保护和延长他在衰老过程中的敏锐认知。保罗觉得自从开始认知训练后，他的焦虑减轻了，变得更加善于分析，注意力更加集中。他也能更好地处理复杂的新型材料。例如，保罗分享了他最近倾听勋伯格乐曲的经历。他高兴地发现，他不仅没有“抵制最初几个不成调的音符，而且欢迎它们的挑战，直到将注意力集中在音符以及对音符、和弦、乐曲本身的分析上”。

保罗满意地发现，他在不利情况下倾听、分析、先思考后行动的意识变得更强。比起过去，他发现自己不再那么冲动和急于做出反应。保罗还发现，他在“面对问题或乏味的理论文章的挑战时，注意力变得更加集中”。保罗在这里做了一个非常有趣和微妙的区分。他不一定觉得自己的智力提高了多少，但他学会了如何更好地利用它。这可能也是一个有用的认知训练成就。

我们的项目参与者最常挂在嘴边的担忧是记忆力问题，但他们也常常注意其他心智功能的改变。一名半退休的内科医师 B 医生就是如此。他从一个朋友（项目参与者之一）那儿听说了我们的项目。B 医生如今对项目变得非常热情，一直在鼓励他的病人加入进来。他感觉自己的记忆力有了改善，但更高兴的是，感觉“在行动中发现可选方案的能力”、“更好地规划未来”及“吸取教训”的能力在不断提高。B 医生同样反馈说：“感觉更能掌控自己的日常生活了。”这显然代表着由额叶负责的执行功能的改善。

参与者的共同评论是，项目揭开了认知的神秘面纱。它不再是一种无处不在、没有差别、包罗一切而且可能会整体丧失的虚无缥缈的“东西”。通过参与各种各样的训练——某些方面做得好一些，某些方面做得差一些，项目参与者学会了“解剖”他们的认知。某些认知功能总会比其他功能维持得更好，这赋予了他们安全感和控制感。仅仅是学会分辨自身的弱项和强项就具有强大的治疗效果。认知激励的积极作用还体现在自身的存在上。很多参与者发现，当他们连续几周错过训练时，会感觉自己“相当愚钝”。

先是接受介绍，再是舒适使用，数字世界给我们的很多“学生”带来了辅助性的好处。他们在参与项目时对电脑一无所知，通常还患有比较严重的计算机恐惧症，但完成训练后，他们学会了一定的计算机技能，形成了一定的舒适程度，并且在生活中找到了除认知激励项目以外的各种计算机应用。

参与实验的志愿者背景不同，担忧和焦虑不同，希望和期待也不同。我们欢迎他们，也努力帮助他们每个人。一位参与者写下了这首悲伤的诗歌：

> 我在冥思苦想的时候，听见的这个人是谁?
> 我的记忆曾经好似保险箱，需要时只要打开门，
> 电光火石间就能抓住里面的宝藏。

但现在它没用了，多么令人沮丧又多么荒唐。

我们尽力去帮助像他一样的人，以及没有明显减退迹象和减退程度不那么严重的其他人。我们的方法是否真正有效呢？如果是，我们又如何得知？我们用于定期重新评估志愿者的标准神经心理学测试在某种程度上回答了这个问题。在大多数情况下，通过测试能发现明显改善。这让我们和被测试者同样高兴。偶尔也存在没有明显改善的情况。但多数时候，不会出现明显下降。总体来看，这也是好消息，因为在没有干预的情况下，老年人的预期基线是会逐渐下降的。但实验成功的最佳证据，虽说应该谦虚一点，使训练达到了参与者及其家人在现实生活中保持甚至重新获得智力的效果。

为此，我们秉持阿尔伯特·爱因斯坦的著名箴言："没有什么比一个好的理论更实用了。"只要不断增进对人的一生中大脑可塑性机制和自我修复能力的理解，我们就能不断增加扩大和丰富人类的心智生活。

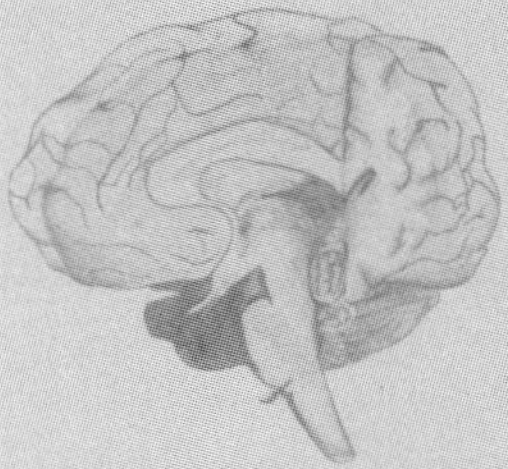

智慧的价值

尾声

两年半后，我又做了一次MRI。没有出现“间歇性改变”，也没有任何大脑疾病的征兆，我的朋友桑迪·安廷所宣称的人工失误造成的伪影消失了。它确实是一个人工失误。因此，幸运的话，未来我这颗正在老化的大脑将继续状态良好地服务——天晓得能再服务多长时间。

这是否意味着我已经获得了智慧？我还不至于自我标榜拥有智慧。但和你们所有人一样，我积累了神经模式识别策略，能够理解世界并且以较高的效率生活。这些模式以及那些本可以加入我的智力库的模式，是我一生经历的总和，包括所有在心智世界奋斗和懈怠的时刻。我记得6岁的自己在和一名15岁的邻居交谈的时候，还试图想象我到了对方这么大的年龄会是什么感觉。如今，我成了一名对自己的大脑还算满意的58岁老人，感觉不错，想知道自己到70岁、80岁或90岁时会是什么样子。

写作本书的出发点是我对自身智力变化的反思。目的是有所超越，试着抓住智力变化背后的机制。为此，我努力在文化和神经生物学层面研究人类智力的改变，并将两点优势整合成贯穿整个生命周期的“心智自然史”。本书叙述的“心智自然史”无疑是不完善的。例如，我们几乎没有触及智力的道德和精神层面，没有触及道德和精神前提的发展以及它们对人类心智生活的影响。

在研究的收尾阶段，撇开这些明显的疏漏不谈，我感觉结果总体来说还算令人满意，因为我认为从研究中产生的“心智自然史”合情合理，尽管不甚完整，但它合理地阐释和说明了我的反思：“智力的四季”并非总是每况愈下，随着年龄的增长，我们会有一些重要的心智收获。这是经过神经生物学研究证明的事实，而不只是一位年迈的知识分子的一厢情愿。

这种安慰是否完全消除了我的老年性焦虑？当然不是。我是否会因此而悲叹呢？不，我不会，因为适度的焦虑可以变成强大的建设性力量，起到激励和动员的作用，提醒我们不该浪费有限的时间。“心智自然史”清楚地表明，总体上有两个信息可以让你安心。

第一个信息是，那些心智生活一向活跃和严谨的人，会穿上一身强大的“心智盔甲”步入老年。这身盔甲好比自动驾驶仪，将对他们最后几十年的生活大有好处。这身“心智盔甲”——大脑中丰富的模式识别吸引子积累——并非一种应得的东西，也并非步入老年就一定能得到，它是对年轻时活力四射的心智生活的回报。

我们都讨厌老生常谈，可经常忘了，老生常谈的内容往往都是真理。老生常谈令人厌烦，不是因为它们是错的，而是因为它们的正确性不证自明。“过去是未来的最好预测”，这句话是老生常谈，但和大多数情况一样蕴含真理，无论是在历史、经济、政治层面，还是在大脑和智力层面。

“洞察一切”的能力看似轻松——根据水准高低和应用背

景，我们将它称作能力、专长或是难得的智慧，但它并非成熟的顿悟或老年的馈赠，它是过去数十年心智活动的凝聚。心智生命周期的范围和质量会影响人生最后阶段的品质。苏格拉底说过，“智慧始于好奇”，这自古就是真理，也许现在更是如此。

我们的人生旅程植根于我们的心智生活。经验丰富的心智生活——毫不畏惧地直面频繁的心智挑战——回报给我们的是巨大的认知工具宝库。当我们渐渐老去，这些认知工具赋予我们强大力量，使我们免受大脑衰退的影响。生命是有限的——我们都知道这一点，但我们可以用一生的经验和努力为最后阶段做好准备。这不仅适用于身体，也适用于头脑。

第二个信息是，在充分利用“心智自动驾驶仪”时，你决不能让自己被它蒙蔽。无论年龄多大，你必须继续测试智力，努力迎接新的心智挑战。在这个迷恋健身的时代，大家都听说过“跑步者的愉悦感”，也就是一种由体力活动和体能成就引发的快乐，但我们有多少人期待过“思想者的愉悦感”呢？这种感觉对某些科学家和艺术家来说非常宝贵。提醒一句，不是所有科学家和艺术家都有这种感觉。选择了一份创造性的职业，并不意味着就能拥有活跃的心智生活。小时候在里加，和我父母相识的一位著名棋手说过：“大多数人下棋用手，只有很少的人下棋用脑。”即使是最耗费智力的职业，也会存在心智懈怠的诱惑。识别它，拒绝它！

撇开经验不谈，有多少人想过拥有“思想者的愉悦感”？又有多少人知晓还有这样一种锻炼心智的可能？即使他们知道，对此又能有多么深入的理解呢？我们有多少人真正理解，艰难的思考独立于时空之外而发生？当我试着向人们解释：我在遛狗的那几个小时里并没有虚度，反而有所收获，因为这是属于我的“思考专用”时间，让我能够在大脑里构思包括写书在内的各种事，我经常感觉他们一点儿也不理解我在说什么，大概认为我在给自己的闲逛找一个体面的理由。对一些人来说，“思考专用”的概念似乎没有意义，但你应该深入了解一番，并读一读这首诗：

> 心灵是我的王国，
> 处处能发现快乐，
> 这快乐超越所有，
> 世间万物比不过。

这首由爱德华·戴尔爵士（Sir Edward Dyer，1543—1607）创作的诗歌，可以说是精神追求魅力再现的象征，其时代背景是英国走出宗教桎梏下的黑暗中世纪，迈入百花齐放的文艺复兴时期，继而迎来莎士比亚、牛顿以及伊丽莎白时代的启蒙运动。现在和那时一样，那些热爱精神追求的人，会加强并保护自己的思想，使其免受衰退的影响。

有些人勤于锻炼身体，他们获得了终生的回报；有些人懒得锻炼身体，他们也尝到了终生的苦果。同样地，有些人渴望精神上的挑战，有些人则将它们视作洪水猛兽。如果可以选择，他们会停留在诱人的精神舒适区，不知道精神舒适区就是精神停滞区。托马斯·爱迪生说过，“没有任何权宜之计可以让人逃避真正的劳动——思考”。虽然这句话并不适用于所有人，但确实适用于多数人，或者说是绝大多数人。你可千万别当那种懒于动脑的人！

身体上的懒惰将付出代价，精神上的懒惰也一样。年轻时懒于动脑会危及年老时的大脑。记住威廉·詹姆斯的告诫，不要浪费那些“可塑性”强的年华。那些乐于在日常生活需求之外追求精神挑战的人，会给他们的智力和大脑提供强大的保护，即使步入高龄后，也能在很长一段时间内保有健全丰富的心智生活。

活跃的心智生活任何时候都不该停止，它可以持续，也必须持续至高龄阶段。时间越长，回报越多——促进大脑里各种过程的增强，从而保护它不受衰退的影响。终生心智锻炼能提高保全健康心智的概率，这应该成为广为接受的概念。我相信这很快就会实现。

智者的形象在各种文化中都备受尊崇。在我们如今这种浮躁、自负的文化里，经历过漫长的对年轻人的推崇后，年老者也开始重获欣赏和尊重。考虑到人口的老龄化趋势，更该如此！没有谁生来就是智者，只有经受长途跋涉的艰苦，你才能成长为智者——我指的是心智的长途跋涉，它是通向智慧的阶梯。变老是智慧的代价，但智慧本身是无价之宝。当智慧降临，心智的黄金时代就将开启。

至于我，也许过几年会再做一次 MRI。我的脑室可能会变大，脑沟可能开始变宽，也许还会出现另一个“高信号”微区，但我会从容不迫地接受这一切。我的头脑里装满了吸引子，我会开心地用好我的“心智自动驾驶仪”。我写这本书，是为了通过新挑战给自己的心智施压，激励老化大脑产生新神经元，让它不至于无药可救。希望今后会有更多的书问世。

致 谢

本书的出版得到了以下诸位的帮助。诚挚地感谢我在卡莱尔公司的代理人米歇尔·特斯勒（Michelle Tessler），是她替我联系了哥谭出版社。我没想过会和这么好的出版社合作。感谢哥谭出版社的优秀编辑布兰登·卡希尔（Brendan Cahill）和他的助手帕特里克·马利根（Patrick Mulligan），他们自始至终待我周到、耐心并提出了许多建设性的意见。感谢德米特里·鲍加科夫，他在各种技术层面给我的写作提供了大量帮助，也对书稿进行了有益的点评。彼得·朗是我的得力助手，我们一起开展书中提到的认知激励项目。理查德·加利尼（Richard Gallini）为本书绘制了插图。菲奥娜·史蒂文斯（Fiona Stevens）、凯特·埃德加（Kate Edgar）、谢尔盖·卡纳佐夫（Sergey Knazev）、拉利塔·克里希纳穆尔蒂和布兰登·康纳斯（Brendan Connors）在本书写作出版的不同阶段提供了宝贵的意见和帮助。感谢我的病人和认知激励项目参与者给我一个合作的机会，让我收获了奠定本书基础的思考和经验——以及允许我讲述他们的故事并引用他们的话语。感谢史蒂夫的父亲允许我记述他儿子的故事。我私下在讲座上向学生讲解了本书的部分内容。感谢他们的宽容。

最后，感谢牛头獒布里特，它是我最不可思议的灵感源泉。我成长在波罗的海沿岸城市里加（曾经部分属于苏联），养过两只宠物狗，我终生都喜爱这种动物。我父亲遭到迫害，成了古拉格集中营的一员。我母亲从大学教师的岗位上被辞退，成了一名长期轮班以养家糊口的工厂劳工。我们仨和两只狗一起住在集体公寓里。三岁的时候，它们成了我的亲密的朋友。成年后，我一直想养只狗，但过于忙碌且在意自由，生活方式也太过随意。或许出于“中年危机”，这也是促使本书诞生的理由，我终于下决心养一只狗。光阴荏苒，小牛头獒长成了威风凛凛的“大块头”，虽然体形有点吓人，但它心地善良、性情温和、智力水平出众，是我亲密的朋友和伙伴。

我在纽约的中央公园附近住了很多年，但除了从客厅窗户俯瞰公园那广阔的草坪和葱郁的树冠构成的景色之外，我从来没有充分利用过这种邻近的优势。现在，我不得不为了遛狗早起。我随身携带笔记本电脑，在中央公园花上几个小时写作或思考不成文的章节——通常是在欢迎狗狗入内的羊草地咖啡馆喝咖啡，或在贝塞斯达喷泉旁休息的时候。布里特躺在我脚边打盹，缠着我要小饼干，或者企图霸占我坐着的长凳，基本上它对创作过程没做什么实质性贡献。这些在公园里度过的安静清晨使我全神贯注、思路清晰，让我得以短暂逃离曼哈顿的忙碌生活。归根到底，这本书是在一个夏季，在遛狗时形成的。其余的事很简单：写出来就行。

谨以本书献给出生于婴儿潮的同代人，我理解你们的焦虑和希望。我和你们一样。

延伸阅读

前言

Tolstoy's *Anna Karenina*: Tolstoy, L. (2003). *Anna Karenina*. New York: Barnes & Noble Classics.

A book, an intellectual memoir of sorts: Goldberg, E. (2001). *The Executive Brain: Frontal Lobes and the Civilized Mind*. Oxford; New York: Oxford University Press; paperback 2002.

第 1 章　大脑的一生

Mind-body dualism: Damasio, A. (1994). *Descartes' Error; Emotion, Reason, and the Human Brain*. New York: Putnam Publishing Group; Pinker, S. (2002). *The Blank Slate: The Modern Denial of Human Nature*. New York: Viking.; Koestler, A. (1967). *The Ghost in the Machine*. London,: Hutchinson; Goldberg, E. (2001). *The Executive Brain: Frontal Lobes and the Civilized Mind*. New York: Oxford University Press; paperback 2002.

Herbert Simon's work: Simon, H. A. (1996). *The Sciences of the Artificial* (3rd ed.). Cambridge, MASS.: MIT Press.

Attractors: Grossberg, S. (Ed.). (1988). *Neural Networks and Natural Intelligence*. Cambridge: MIT Press.

"The alarm has just rung, rudely assaulting your brain stem, your thalamus and your auditory cortex." More about the basics of human neuroanatomy and neuropsychology in: Kolb, B., & Whishaw, I. Q. (1996). *Fundamentals of Human Neuropsychology* (4th ed.). New York: W. H. Freeman.

Dysfunction of the right hemisphere: Rourke, B. P. (1989). *Nonverbal Learning Disabilities: The Syndrome and the Model.* New York: The Guilford Press.

Hippocampi in Alzheimer's disease: de Leon, M. J., Convit, A., George, A. E., Golomb, J., de Santi, S., Tarshish, C., et al. (1996). In vivo structural studies of the hippocampus in normal aging and in incipient Alzheimer's disease. *Annals of NY Acad Sci,* 777, 1–13.

Prefrontal cortex function and dysfunction: Goldberg, E. (2001 paperback 2002). *The Executive Brain: Frontal Lobes and the Civilized Mind.* Oxford; New York: Oxford University Press.

ADHD: Barkley, R. A. (1997). *ADHD and the Nature of Self-Control.* New York: The Guilford Press.

第 2 章 大脑的四季

Brain development: Brown, M., Keynes, R., Lumsden, A. (2002). *The Developing Brain.* New York: Oxford University Press: Harvey, D.S., et al., Eds. (2000). *Development of the Nervous System.* New York: Academic Press; Carpenter, M. B., & Parent, A. (1995). *Carpenter's Human Neuroanatomy* (9th ed.). Baltimore: Lippincot, Williams & Wilkins.

Neural Darwinism: Edelman, G. M. (1987). *Neural Darwinism: The Theory of Neuronal Group Selection.* New York: Basic Books.

Brain aging: Raz, N. (2000). Aging of the brain and its impact on cognitive performance: integration of structural and functional findings. In F. Craik & T. Salthouse (Eds.), *The Handbook of Aging and Cognition* (2nd ed., p. 1). Mahwah, NJ: Lawrence Erlbaum Associates.

Naftali Raz on Aesculapius: *Ibid.*

"Evolution and dissolution": Jackson, H. (1884). Evolution and dissolution of the nervous system. *Cronian Lecture. Selected papers, 2.*

Cognitive aging: F. Craik & T. Salthouse, Eds. (2000). *The Handbook of Aging and Cognition* (2nd ed.). Mahwah, NJ: Lawrence Erlbaum Associates; D. C. Park & N. Schwartz, Eds. (2000). *Cognitive Aging: A Primer.* Philadelphia: Psychology Press.

Prefrontal cortex: Goldberg, E. (2001; paperback 2002). *The Executive Brain: Frontal Lobes and the Civilized Mind.* Oxford; New York: Oxford University Press.

Aged individuals' performance in real-life situations: Park, D., & Gutchess, A. (2000). Cognitive aging and everyday life. In D. C. Park & N. Schwarz (Eds.), *Cognitive Aging: A Primer.* Philadelphia: Psychology Press.

Cognitive expertise in aging: Raz, N. (2000). Aging of the brain and its impact on cognitive performance: integration of structural and functional findings. In F. Craik & T. Salthouse (Eds.), *The Handbook of Aging and Cognition* (2nd ed., p. 47). Mahwah, NJ: Lawrence Erlbaum Associates.

第 3 章　历史上拥有强大思想的老人

Goethe's *Faust*: Goethe, J. W. v. (1994). *Faust. Parts 1 and 2*. New York: Continuum.

Gaudi: Constantino, M. (1993). *Gaudi*. Secaucus, NJ: Chartwell Books, Inc.

Grandma Moses: Nikola-Lisa, W. (2000). *The Year with Grandma Moses* (1st ed.). New York: Henry Holt.

Wiener's writings: Wiener, N. (1948). *Cybernetics*. New York: J. Wiley; Wiener, N. (1964). *God and Golem, Inc.: A Comment on Certain Points Where Cybernetics Impinges on Religion*. Cambridge: MIT Press.

Chillida: Ezquiaga, M. (2001). *Museo Chillida-Leku* (2nd ed.): Chillida-Leku S. L.; Weber, S., Hammacher, A. M., Trier, E., & de Baranano, K. (2002). *Chillida*. Kèunzelsau: Swiridoff.

Much of the discussion about Willem de Kooning is based on works by Sally Yard and Edvard Lieber: Yard, S. (1997). *Willem de Kooning*. New York: Rizzoli; Lieber, E. (2000). *Willem de Kooning: Reflections in the Studio*. New York: Abrams.

Hyden Herrera's account: Yard, S. (1997). *Willem de Kooning*. New York: Rizzoli.

"A finished painting is a reminder of what not to do tomorrow": Quoted after Lieber: Lieber, E. (2000). *Willem de Kooning: Reflections in the Studio*. New York: Abrams.

"I'm back to a full palette with off-toned colors. Before it was about knowing what I didn't know. Now, it's about not knowing what I know": Quoted after Lieber: *Ibid*.

"Style is a fraud . . . To desire to make a style is an apology for one's anxiety": Quoted after Yard: Yard, S. (1997). *Willem de Kooning*. New York: Rizzoli.

" 'The rhythms are more deliberate, meditated even, and the space more open . . . a new order prevails, a new calm . . . de Kooning has purified his stroke, and what had been quintessentially sensuous is rendered immaterial, ethereal, a veiled tracing of its physical origins,' wrote David Rosand.": *Ibid* p. 104.

" 'de Kooning, who has never strayed far from nature for long, is closer to it now than ever,' wrote Vivien Raynor.": Raynor, V. (June 13, 2002). *The New York Times*, p. A18.

Plato on wisdom: Plato (2000). *The Republic.* Mineola, NY: Dover Publications. Quoted after Csikszentmihalyi, M., & Rathunde, K. (1990). The psychology of wisdom: an evolutionary interpretation. In: R. Sternberg (Ed.) *Wisdom: Its Nature, Origins, and Development.* (pp. 25–51). New York: Cambridge University Press, p. 33.

Newton's, Kant's, and Faraday's memory loss with age: Sacks, O. (2003). *Personal communication to E. Goldberg.*

Shannon's Alzheimer's disease: Johnson, G. (February 27, 2001). Mathematician dies at 84. *The New York Times.*

Reagan's familial risk factors: Altman, L. K. (June 15, 2004). A recollection of early questions about Reagan's health. *The New York Times,* pp. F5, 10.

Hitler's Parkinson's disease: Irving, D. (1983). *The Secret Diaries of Hitler's Doctor.* New York: William Morrow.

Parkinson's disease and dementia: Aarsland, D., Andersen, K., Larsen, J. P., Lolk, A., & Kragh-Sorensen, P. (2003). Prevalence and characteristics of dementia in Parkinson disease: an 8-year prospective study. *Archives of Neurol, 60*(3), 387–392.

Hitler's mental condition: Speer, A. (1981). *Inside the Third Reich: Memoirs.* New York: Collier Books.

Hitler's and Stalin's memory decline: Neumayr, A. (1995). *Dictators in the Mirror of Medicine.* Medi-Ed Press.

Much of the discussion about Stalin's mental condition is based on: Conquest, R. (1992). *Stalin: Breaker of Nations.* New York: Penguin; Brent, J., & Naumov, V. P. (2003). *Stalin's Last Crime: The Plot against the Jewish Doctors, 1948–1953* (1st ed.). New York: HarperCollins.

Stalin's senility, including the accounts by Krushchev, Djilas and Vinogradov: Montefiore, S.S. (2004). *Stalin: The Court of the Red Tsar.* New York: Alfred A. Knopf; Neumayr, A. (1995). *Dictators in the Mirror of Medicine,* Medi-Ed Press.

Lenin's strokes: Clark, R. W. (1988). *Lenin, the Man Behind the Mask.* London; Boston: Faber and Faber; Volkogonov, D. A., & Shukman, H. (1994). *Lenin: A New Biography.* New York: Free Press.

Lenin's possible syphilis: Chivers, C. J. (June 22, 2004). A retrospective diagnosis says Lenin had syphilis. *The New York Times,* p. F3; Golding, M. (July 18, 2004). "Psychiatrists Say Lenin Died of Syphilis." Reuters.

Mao's physical and mental condition: Li, Z. (1994). *The Private Life of Chairman Mao: The Memoirs of Mao's Personal Physician.* New York: Random House.

Dementia in ALS: Strong, M. J. (2001). Progress in clinical neurosciences: the evidence for ALS as a multisystems disorder of limited phenotypic expression. *Canadian J Neurol Sci, 28*(4), 283–298.

Hitler and Stalin remaining in control till the end: Bullock, A. (1993). *Hitler and Stalin: Parallel Lives*. New York: Vintage Books.

Woodrow Wilson's last years in the White House: Smith, G. (1982). *When the Cheering Stopped: The Last Years of Woodrow Wilson*. Alexandria, VA: Time-Life Books.

FDR's mental powers and decision-making abilities: Jenkins, R. (2001). *Churchill: A Biography* (1st ed.) (p. 774). New York: Farrar, Straus and Giroux.

FDR's "new disinclination to apply himself to serious business" quoted from: *Ibid* (p. 774).

Churchill's mental lapses and strokes: Danchev, A., & Todman, D. (Eds.). (2001). *War Diaries 1939–1945: The Diaries of Field Marshal Lord Alanbrooke*: Orion Publishing Co.; Jenkins, R. (2001). *Churchill: A Biography* (1st ed.). New York: Farrar, Straus and Giroux.

Churchill *"gloriously unfit for office"*: Quoted from Jenkins, R. (2001). *Churchill: A Biography* (1st ed.) (p. 845). New York: Farrar, Straus and Giroux.

Margaret Thatcher's strokes: BBC. (2002). *Thatcher suffers 'minor stroke'*. Retrieved January 26, 2002, from http://news.bbc.co.uk./1/hi/uk/1783722.stm; Lyall, S. (June 8, 2004). Thatcher's tribute was waiting: *The New York Times*, p. A23.

Brezhnev's senility: Volkogonov, D. (1998). *The Rise and Fall of the Soviet Empire: Political Leaders from Lenin to Gorbachev.* New York: HarperCollins.

Successful aging: Rowe, J., & Kahn, R. (1998). *Successful Aging*. New York: Random House.

第 4 章 文明孕育的智慧

For a comprehensive and insightful review of psychological research on wisdom see: Sternberg, R. (Ed.). (1990). *Wisdom: Its Nature, Origins, and Development*. New York: Cambridge University Press.

Peter Thompson's interviews: Thompson, P. (2003). *Wisdom: The Hard-Won Gift*. Adelaide: Griffin Press.

Mihaly Csikszentmihalyi and Kevin Rathunde on wisdom: Csikszentmihalyi, M., & Rathunde, K. (1990). The psychology of wisdom: an evolutionary interpretation. In R. Sternberg (Ed.), *Wisdom: Its Nature, Origins, and Development* (pp. 25–51). New York: Cambridge University Press: pp. 25–51.

Sophocles on wisdom: Sophocles (2003). *Antigone*. New York: Oxford University Press. Quoted after Ibid.

Bible on wisdom: *The Holy Bible: Proverbs, 4:*7. (2002). Grand Rapids, MI: Zondervan. Quoted after Ibid.

James Birren and Laurel Fisher on early mentions of wisdom: Birren, J., & Fisher, L. (1990). The elements of wisdom: overview and integration. In R. Sternberg (Ed.), *Wisdom: Its Nature, Origins, and Development* (pp. 317–332). New York: Cambridge University Press: p. 319.

Paul Baltes and Jacqui Smith on wisdom, wisdom tree, and as expert knowledge: Baltes, P., & Smith, J. (1990). Toward a psychology of wisdom and its ontogenesis. In R. Sternberg (Ed.), *Wisdom: Its Nature, Origins, and Development* (pp. 87–120). New York: Cambridge University Press.

The Wisdom Tree: Ibid.; Sears, E. (1986). *Ages of Man: Medieval Interpretations of the Life Cycle.* Princeton: Princeton University Press.

Seven Pillars of Wisdom: Lawrence, T. E. (1991). *Seven Pillars of Wisdom: A Triumph* (1st Anchor Books ed.). New York: Anchor Books.

"To understand wisdom fully and correctly probably requires more wisdom than any of us have": Quoted from Sternberg, R, (1990). Understanding wisdom. In R. Sternberg (Ed.), *Wisdom: Its Nature, Origins, and Development* (p. 3). New York: Cambridge University Press.

Robert Sternberg on wisdom and creativity: Sternberg, R. (1985). Implicit theories of intelligence, creativity and wisdom. *Journal of Personality and Social Psychology, 49*(3), 607–627.

Daniel Robinson on wisdom: Robinson, D. (1990). Wisdom through ages. In R. Sternberg (Ed.), *Wisdom: Its Nature, Origins, and Development* (p. 21). New York: Cambridge University Press.

J.F.C. Fuller on genius: Quoted after Bose, P. (2003). *Alexander the Great's Art of Strategy.* New York: Gotham Books.

William Wordsworth on greatness and originality: Quoted after Greenberg, N. (2003). "The Executive Brain: Frontal Lobes and the Civilized Mind," by Elkhonon Goldberg. *Human Nature Review, 3*, 422–431. Original source: Wordsworth, W. (1969). "William Wordsworth's Letter to Lady Beaumont, 21 May 1807." In E. de Selincourt (Ed.), *Letters of William and Dorothy Wordsworth Vol. 2.*

Carl Rogers on creativity: Quoted from Rogers, C. R. (1961). *On Becoming a Person: A Therapist's View of Psychotherapy.* Boston: Houghton Mifflin.

Robert Sternberg on competence and wisdom: Sternberg, R. (1985). Implicit theories of intelligence, creativity and wisdom. *Journal of Personality and Social Psychology, 49*(3), 607–627.

Themistocles "was greater in genius than in character": Quoted after Bose, P. (2003). *Alexander the Great's Art of Strategy* (p. 81). New York: Gotham Books.

Popular perception of wisdom, creativity and intelligence: Sternberg, R. (1990). Wisdom and its relations to intelligence and creativity. In R. Sternberg (Ed.), *Wisdom: Its Nature, Origins, and Development* (p. 145). New York: Cambridge University Press.

Human attributes, their desirability, and age: Heckhausen, J., Dixon, R., & Baltes, P. (1989). Gains and losses in development throughout adulthood as percieved by different adult age groups. *Developmental Psychology, 25*, 109–121.

Marion Perlmutter on wisdom and advanced age: Orwoll, L., & Perlmutter, M. (1990). The study of wise persons: integrating a personality perspective. In R. Sternberg (Ed.), *Wisdom: Its Nature, Origins, and Development* (pp. 160–180). New York: Cambridge University Press.

第 5 章　模式的力量

"Phyletic" knowledge: Fuster, J. M. (2003). *Cortex and Mind: Unifying Cognition*. New York: Oxford University Press.

Relatively ready-to-use, but requiring early environmental honing neural networks: Hubel, D. H., & Wiesel, T. N. (1963). Receptive fields of cells in striate cortex of very young, visually inexperienced kittens. *J Neurophysiol, 26*, 994–1002; Hubel, D. H., & Wiesel, T. N. (1979). Brain mechanisms of vision. *Sci Am, 241*(3), 150–162.

Primate cultures: Wrangham, R. W., & Chicago Academy of Sciences. (1994). *Chimpanzee Cultures.* Cambridge: Published by Harvard University Press in cooperation with the Chicago Academy of Sciences.

Primate language: Savage-Rumbaugh, S., Shanker, S. G., & Taylor, T. J. (2001). *Apes, Language, and the Human Mind*. New York: Oxford University Press.

Language learning: Pinker, S. (1994). *The Language Instinct* (1st ed.). New York: W. Morrow and Co.

Eskimo language: Pullum, G. K. (1991). *The Great Eskimo Vocabulary Hoax and Other Irreverent Essays on the Study of Language*. Chicago: University of Chicago Press.

Click languages: Stephenson, J. (2000). *The Language of the Land: Living among The Hadzabe in Africa* (1st ed.). New York: St. Martin's Press.

Whistling language: Meyer, J. (2004). Bioacoustics of human whistled languages: an alternative approach to the cognitive processes of language. *Anais da Academia Brasiliera de Ciências, 76*(2), 406–412.

Complexity of an organism's behavior and environment: Simon, H. A. (1996). *The Sciences of the Artificial* (3rd ed.). Cambridge: MIT Press.

Emergent complexity: Wolfram, S. (2002). *A New Kind of Science*. Champaign, IL: Wolfram Media, Inc.

Cortical representation of language: Martin, A., Haxby, J. V., Lalonde, F. M., Wiggs, C. L., & Ungerleider, L. G. (1995). Discrete cortical regions associated with knowledge of color and knowledge of action. *Science, 270*(5233), 102–105; Martin, A., Wiggs, C. L., Ungerleider, L. G., & Haxby, J. V. (1996). Neural correlates of category-specific knowledge. *Nature, 379*(6566), 649–652. Also, for more detailed discussion on the topic see: Goldberg, E. (1989). Gradiental approach to neocortical functional organization. *J Clin Exp Neuropsychol, 11*(4), 489–517; Goldberg, E. (1990). Higher Cortical Functions in Humans: The Gradiental Approach. In E. Goldberg (Ed.), *Contemporary Neuropsychology and the Legacy of Luria* (pp. 229–276). Hillsdale, NJ: Lawrence Erlbaum Associates; Goldberg, E. (2001). *The Executive Brain: Frontal Lobes and the Civilized Mind*. Oxford; New York: Oxford University Press.

Vygotsy's writings: Vygotsky, L. S. (1962). *Thought and Language*. Cambridge, Mass.: MIT Press; Rieber, R. W., Robinson, D. K., & Bruner, J. S. (Eds.). (2004). *The Essential Vygotsky*. Kluger Academic/Plenum.

Luria's life in science: Luria, A. R., Cole, M., & Cole, S. (1979). *The Making of Mind: A Personal Account of Soviet Psychology*. Cambridge: Harvard University Press; Goldberg, E. (1990); Tribute to Aleksandr Romanovich Luria (1902–1977). In E. Goldberg (Ed.), *Contemporary Neuropsychology and the Legacy of Luria* (pp. 1–9). Hillsdale, NJ: Lawrence Erlbaum Associates; Moskovich, L., Bougakov, D., DeFina, P., & Goldberg, E. (2002). A. R. Luria: Pursuing Neuropsychology in a Swiftly Changing Society. In A. Stringer, E. Cooley & A. L. Christensen (Eds.), *Patways to Prominence in Neuropsychology*. New York: Psychology Press.

Luria's neuropsychological research: Luria, A. R. (1970). *Traumatic Aphasia*: The Hague: Mouton; Luria, A. R. (1966). *Higher Cortical Functions in Man*. New York: Basic Books.

Emergent cortical organization: Goldberg, E. (1989). Gradiental approach to neocortical functional organization. *J Clin Exp Neuropsychol, 11*(4), 489–517; Goldberg, E. (1990); Higher Cortical Functions in Humans: The Gradiental Approach. In E. Goldberg (Ed.), *Contemporary Neuropsychology and the Legacy of Luria* (pp. 229–276). Hillsdale, NJ: Lawrence Erlbaum Associates.

Gradiental principle of functional cortical organization: *Ibid*.

第 6 章　探索记忆机制

Role of neocortex in memory: Goldberg, E., & Barr, W. (1992). Selective knowledge loss in activational and representational amnesias. In L. Squire & N. Butters (Eds.), *Neuropsychology of Memory* (pp. 72–80). New York: The Guilford Press; Fuster, J. M. (2003). *Cortex and Mind: Unifying Cognition*. New York: Oxford University Press.

Role of other structures in memory: Goldberg, E., & Barr, W. (1992). Selective knowledge loss in activational and representational amnesias. In L. Squire & N. Butters (Eds.), *Neuropsychology of Memory* (pp. 72–80). New York: The Guilford Press.

Memory without forgetting: Luria, A. R. (1968). *The Mind of a Mnemonist: A Little Book About a Vast Memory*. New York: Basic Books.

Causes of amnesia: Squire, L., & Schacter, D. (Eds.). (2002). *Neuropsychology of Memory* (3rd ed.). New York: The Guilford Press.

Perception and memory share the same cortical territory: Kosslyn, S. M., Thompson, W. L., & Alpert, N. M. (1997). Neural systems shared by visual imagery and visual perception: a positron emission tomography study. *Neuroimage, 6*(4), 320–334; Kosslyn, S. M., Thompson, W. L., Kim, I. J., & Alpert, N. M. (1995). Topographical representations of mental images in primary visual cortex. *Nature, 378*(6556), 496–498.

Reverberating loops: Hebb, D. O. (1949). *The Organization of Behavior: A Neuropsychological Theory*. New York: Wiley.

Long-term potentiation: Bashir, Z. I., Bortolotto, Z. A., Davies, C. H., Berretta, N., Irving, A. J., Seal, A. J., et al. (1993). Induction of LTP in the hippocampus needs synaptic activation of glutamate metabotropic receptors. *Nature, 363*(6427), 347–350.

Role of hippocampi in memory: Maviel, T. et al (2004) Sites of neocortical reorganization critical for remote spatial memory. *Science,* 305, 96–99; Remondes, M., & Schuman, E. M. (2004). Role for a cortical input to hippocampal area CA1 in the consolidation of a long-term memory. *Nature,* 431 (7009), 699–703.

Electric shock in studies of memory formation: Glickman, S. E. (1961). Perseverative neural processes and consolidation of the memory trace. *Psychol Bull, 58*, 218–233; McGaugh, J. L. (1972). The search for the memory trace. *Ann NY Acad Sci, 193*, 112–123.

Permastore: Bahrick, H. P. (1984). Semantic memory content in permastore: fifty years of memory for Spanish learned in school. *J Experimental Psychol Gen, 113*(1), 1–29.

Distribution of memories in permastore: *Ibid.*

Retrograde amnesia: Goldberg, E., Antin, S. P., Blider, R. M., Jr., Gerstman, L. J., Hughes, J. E., & Mattis, S. (1981). Retrograde amnesia: possible role of mesencephalic reticular activation in long-term memory. *Science, 213*(4514), 1392–1394; Goldberg, E., & Barr, W. (1992). Selective knowledge loss in activational and representational amnesias. In L. Squire & N. Butters (Eds.), *Neuropsychology of Memory* (pp. 72–80). New York: The Guilford Press.

Temporal gradient of retrograde amnesia: Barr, W. B., Goldberg, E., Wasserstein, J., & Novelly, R. A. (1990). Retrograde amnesia following unilateral temporal lobectomy. *Neuropsychologia, 28*(3), 243–255.

第 7 章　永不消逝的记忆

Neural Darwinism: Edelman, G. M. (1987). *Neural Darwinism: The Theory of Neuronal Group Selection*. New York: Basic Books.

Procedural and declarative memory: Cohen, N. J., & Squire, L. R. (1980). Preserved learning and retention of pattern-analyzing skill in amnesia: dissociation of knowing how and knowing that. *Science, 210*(4466), 207–210.

Episodic and semantic memory. Tulving, E. (1983). *Elements of Episodic Memory*. New York: Oxford University Press.

More on "Steve's" case in: Goldberg, E., Antin, S. P., Bilder, R. M., Jr., Gerstman, L. J., Hughes, J. E., & Mattis, S. (1981). Retrograde amnesia: possible role of mesencephalic reticular activation in long-term memory. *Science, 213*(4514), 1392–1394. As the title of the paper suggests, the damage responsible for memory impairment was in the ventral midbrain, this further supporting the role of the brain stem in memory. See also E. Goldberg, J. Hughes, S. Mattis & S. Antin. (1982). Isolated retrograde amnesia: Different etiologies, same mechanisms? *Cortex*, 18, 459–462.

Generic and specific memory: Goldberg, E., & Barr, W. (1992). Selective Knowledge Loss in Activational and Representational Amnesias. In L. Squire & N. Butters (Eds.), *Neuropsychology of Memory* (pp. 72–80). New York: The Guilford Press; Goldberg, E., & Barr, W. (2003). Knowledge Systems and Material-Specific Memory Deficits. In J. H. Byrne (Ed.), *Learning and Memory*. New York: Macmillan Reference.

Generic and specific memory in retrograde amneisa: Barr, W. B., Goldberg, E., Wasserstein, J., & Novelly, R. A. (1990). Retrograde amnesia following unilateral temporal lobectomy. *Neuropsychologia, 28*(3), 243–255.

Generic memories are committed to long-term storage more rapidly: Goldberg, E., & Barr, W. (1992). Selective Knowledge Loss in Activational and Representational Amnesias. In L. Squire & N. Butters (Eds.), *Neuropsychology of Memory* (pp. 72–80). New York: The Guilford Press; Maviel, T., Durkin, T. P., Menzaghi, F., & Bontempi, B. (2004). Sites of neocortical reorganization critical for remote spatial memory. *Science, 305*(5680), 96–99.

To learn more about brain plasticity see this excellent book: Schwartz, J., & Begley, S. (2002). *The Mind and the Brain: Neuroplasticity and the Power of Mental Force*. New York: Regan Books.

Pattern expansion in monkeys. Wang, X., Merzenich, M. M., Sameshima, K., & Jenkins, W. M. (1995). Remodelling of hand representation in adult cortex determined by timing of tactile stimulation. *Nature, 378*(6552), 71–75.

Pattern expansion in humans: Pascual-Leone, A., & Torres, F. (1993). Plasticity of the sensorimotor cortex representation of the reading finger in Braille readers. *Brain, 116(Pt 1)*, 39–52; Elbert, T., Pantev, C., Wienbruch, C., Rockstroh, B., & Taub, E. (1995). Increased cortical representation of the fingers of the left hand in string players. *Science, 270*(5234), 305–307.

Pattern expansion and mental clarity in old age: Golden, D. (1994, July). "Building a Better Brain." *Life,* 62–70.

Brain metabolic requirements in learning: Haier, R. J., Siegel, B. V., Jr., MacLachlan, A., Soderling, E., Lottenberg, S., & Buchsbaum, M. S. (1992). Regional glucose metabolic changes after learning a complex visuospatial/motor task: a positron emission tomographic study. *Brain Res, 570*(1–2), 134–143.

Cortical activation changes with task familiarization: Dobbins, I. G., Schnyer, D. M., Verfaellie, M., & Schacter, D. L. (2004). Cortical activity reductions during repetition priming can result from rapid response learning. *Nature, 428*(6980), 316–319.

Prions and memory: Wickelgren, I. (2004). Neuroscience. Long-term memory: a positive role for a prion? *Science, 303*(5654), 28–29.

Memory reconsolidation: Lee, J. L., Everitt, B. J., & Thomas, K. L. (2004). Independent cellular processes for hippocampal memory consolidation and reconsolidation. *Science, 304*(5672), 839–843.

Attractor, attractor state, basin of attraction: Grossberg., S. (Ed.). (1988). *Neural Networks and Natural Intelligence*. Cambridge: MIT Press; Fuster, J. M. (2003). *Cortex and Mind: Unifying Cognition*. Oxford; New York: Oxford University Press.

Degeneracy: Edelman, G. M. (1987). *Neural Darwinism: The Theory of Neuronal Group Selection*. New York: Basic Books.

Attractors in mathematics: Professor Alan Snyder (2003), personal communication to E. Goldberg.

Attractors as memories: Hopfield, J. J. (1982). Neural networks and physical systems with emergent collective computational abilities. *Proceedings of Natl Acad Sci USA, 79*(8), 2554–2558.

Attractor-like circuits in the brain: Cossart, R., Aronov, D., & Yuste, R. (2003). Attractor dynamics of networks UP states in the neocortex. *Nature, 423*(6937), 283–288.

Attractor-like effects in classifications: Freedman, D. J., Riesenhuber, M., Poggio, T., & Miller, E. K. (2001). Categorical representation of visual stimuli in the primate prefrontal cortex. *Science, 291*(5502), 312–316.

Adaptive resonance theory (ART): Grossberg, S. (1987). Competitive learning: from interactive activation to adaptive resonance. *Cognitive Science, 11*, 23–63; Grossberg, S. (Ed.). (1988). *Neural Networks and Natural Intelligence*. Cambridge: MIT Press.

Goldberg on modularity: Goldberg, E. (1995). Rise and fall of modular orthodoxy. *J Clin Exp Neuropsychol, 17*(2), 193–208.

第 8 章　记忆、模式和智慧

Intuitive decision making: Simon, H. A. (1996). *The Sciences of the Artificial* (3rd ed.). Cambridge: MIT Press.

Phyletic knowledge: Fuster, J. M. (2003). *Cortex and Mind: Unifying Cognition*. Oxford; New York: Oxford University Press.

Pattern recognition in problem-solving: Simon, H. A. (1996). *The Sciences of the Artificial* (3rd ed.). Cambridge: MIT Press.

Harold Bloom on genius: Bloom, H. (2002). *Genius: A Mosaic of One Hundred Exemplary Creative Minds*. New York: Warner Books.

Charles Murray on human accomplishment: Murray, C. A. (2003). *Human Accomplishment: The Pursuit of Excellence in the Arts and Sciences, 800 BC to 1950*. New York: HarperCollins.

Peter Thompson on wisdom: Thompson, P. (2003). *Wisdom: The Hard-Won Gift*. Adelaide: Griffin Press.

Allan Snyder's TMS experiments: Snyder, A. W., Mulcahy, E., Taylor, J. L., Mitchell, D. J., Sachdev, P., & Gandevia, S. C. (2003). Savant-like skills exposed in normal people by suppressing left fronto-temporal lobe. *Journal of Integrative Neuroscience*, 2:2.

William James on habits: *The Principles of Psychology* (Vol. 1). New York: Dover.

Descriptive knowledge, veridical knowledge: Goldberg, E., Harner, R., Lovell, M., Podell, K., & Riggio, S. (1994). Cognitive bias, functional cortical geometry, and the frontal lobes: laterality, sex, and handedness. *Journal of Cognitive Neuroscience, 6*(3), 276–296; Goldberg, E., & Podell,

K. (2000). Adaptive decision making, ecological validity, and the frontal lobes. *J Clin Exp Neuropsychol, 22*(1), 56–68.

Prescriptive knowledge, actor-centered knowledge: *Ibid.*

第 9 章 “预先”决策

Frontal lobotomy: Valenstein, E. (1986). *The Great and Desperate Cures.* New York: Basic Books.

Prefrontal regions in charge of overall decision making vs. task subcomponents: Koechlin, E., Basso, G., Pietrini, P., Panzer, S., & Grafman, J. (1999). The role of the anterior prefrontal cortex in human cognition. *Nature, 399*(6732), 148–151.

Prefrontal cortical activation in rational problem solving: Kroger, J. K., Sabb, F. W., Fales, C. L., Bookheimer, S. Y., Cohen, M. S., & Holyoak, K. J. (2002). Recruitment of anterior dorsolateral prefrontal cortex in human reasoning: a parametric study of relational complexity. *Cereb Cortex, 12*(5), 477–485.

Prefrontal resources in inductive and deductive reasoning: Osherson, D., Perani, D., Cappa, S., Schnur, T., Grassi, F., & Fazio, F. (1998). Distinct brain loci in deductive versus probabilistic reasoning. *Neuropsychologia, 36*(4), 369–376.

Executive memories: Fuster, J. M. (2003). *Cortex and Mind: Unifying Cognition.* New York: Oxford University Press.

Frontal lobes serve as the repository of executive memories: *Ibid.*

Intentionality, ethical behavior, morality and empathy as subjects of cognitive neuroscience and experimental psychology: Goldberg, E. (2001; paperback 2002). *The Executive Brain: Frontal Lobes and the Civilized Mind.* New York: Oxford University Press.

Social neuroscience: Cacioppo, J. T. (2002). *Foundations in Social Neuroscience.* Cambridge: MIT Press.

Behavioral economics: Kahneman, D., & Tversky, A. (2000). *Choices, Values, and Frames.* New York: Cambridge University Press.

Neuroeconomics: Sanfey, A. G., Rilling, J. K., Aronson, J. A., Nystrom, L. E., & Cohen, J. D. (2003). The neural basis of economic decision-making in the ultimatum game. *Science, 300*(5626), 1755–1758.

Neuromarketing: Thompson, C. (October 26, 2003). "There Is as Sucker Born in Every Medial Prefrontal Cortex." *New York Times Magazine,* 54–57.

Functional neuroimaging and political commercials: Tierney, J. (April 20, 2004). "Using M.R.I.'s to See Politics on the Brain." *The New York Times,* pp. A1, A17.

Capital punishment in the mentally retarded: Beckman, M. (2004). Neuroscience. Crime, culpability, and the adolescent brain. *Science, 305*(5684), 596–599.

Figure 12: Adapted from Vogeley, K., Podell, K., Kukolja, J., Schilbach, L., Goldberg, E., Zilles, K., et al. (2003). Recruitment of the Left Prefrontal Cortex in Preference-Based Decisions in Males (fMRI Study). Paper presented at the Ninth Annual Meeting of the Organization for Human Brain Mapping, New York.

Figure 13: Adapted from Brodmann, K. (1909). *Vergleichende Lokalisationslehre der Grosshinrinde in ihren Prinzipien dargestellt auf Grund des Zellenbaues.* Leipzig: Barth.

Creation of Adam spin-off: Goldberg, E. (2001; paperback 2002). *The Executive Brain: Frontal Lobes and the Civilized Mind.* New York: Oxford University Press.

Frontal lobes in empathy: Singer, T., Seymour, B., O'Doherty, J., Kaube, H., Dolan, R. J., & Frith, C. D. (2004). Empathy for pain involves the affective but not sensory components of pain. *Science, 303*(5661), 1157–1162.

Frontal lobes in theory of mind: Fletcher, P. C., Happe, F., Frith, U., Baker, S. C., Dolan, R. J., Frackowiak, R. S., et al. (1995). Other minds in the brain: a functional imaging study of "theory of mind" in story comprehension. *Cognition, 57*(2), 109–128.; Stone, V. E., Baron-Cohen, S., & Knight, R. T. (1998). Frontal lobe contributions to theory of mind. *J Cogn Neurosci, 10*(5), 640–656.

Lack of insight following frontal damage: Goldberg, E. (2001; paperback 2002). *The Executive Brain: Frontal Lobes and the Civilized Mind.* New York: Oxford University Press.

Criminality, antisocial personality, and impulsive aggression linked to prefrontal dysfunction: Raine, A., Buchsbaum, M., & LaCasse, L. (1997). Brain abnormalities in murderers indicated by positron emission tomography. *Biol Psychiatry, 42*(6), 495–508; Raine, A., Lencz, T., Bihrle, S., LaCasse, L., & Colletti, P. (2000): Reduced prefrontal gray matter volume and reduced autonomic activity in antisocial personality disorder. *Arch Gen Psychiatry, 57*(2), 119–127; discussion 128–119.

Causal learning and the frontal lobes: Turner, D. C., Aitken, M. R., Shanks, D. R., Sahakian, B. J., Robbins, T. W., Schwarzbauer, C., et al. (2004). The role of the lateral frontal cortex in causal associative learning: exploring preventative and super-learning. *Cereb Cortex, 14*(8), 872–880.

"If . . . then . . ." structures in complex language: Fitch, W. T., & Hauser, M. D. (2004). Computational constraints on syntactic processing in a nonhuman primate. *Science, 303*, 377–380.

Experience of regret: Camille, N., Coricelli, G., Sallet, J., Pradat-Diehl, P., Duhamel, J. R., & Sirigu, A. (2004). The involvement of the orbitofrontal cortex in the experience of regret. *Science, 304*(5674), 1167–1170.

Myelinization of prefrontal pathways: Goldberg, E. (2001; paperback 2002). *The Executive Brain: Frontal Lobes and the Civilized Mind*. New York: Oxford University Press.

Spindle cells: Allman, J. M., Hakeem, A., Erwin, J. M., Nimchinsky, E., & Hof, P. (2001). The anterior cingulate cortex. The evolution of an interface between emotion and cognition. *Ann N Y Acad Sci, 935*, 107–117.

Emotional intelligence: Goleman, D. (1995). *Emotional Intelligence*. New York: Bantam Books.

Memory for concepts of actions: Fuster, J. M. (2003). *Cortex and Mind: Unifying Cognition*. New York: Oxford University Press.

High-functioning elderly and physiologically active frontal lobes: Cabeza, R., Anderson, N. D., Locantore, J. K., & McIntosh, A. R. (2002). Aging gracefully: compensatory brain activity in high-performing older adults. *Neuroimage, 17*(3), 1394–1402; Rosen, A. C., Prull, M. W., O'Hara, R., Race, E. A., Desmond, J. E., Glover, G. H., et al. (2002). Variable effects of aging on frontal lobe contributions to memory. *Neuroreport, 13*(18), 2425–2428.

Executive talent: Goldberg, E. (January 2004). Train the Gifted. *Harvard Business Review,* 31.

IQ following frontal-lobe damage: Goldberg, E. (2001; paperback 2002). *The Executive Brain: Frontal Lobes and the Civilized Mind*. New York: Oxford University Press.

第 10 章　二元大脑：新奇与常规

Grossberg's "adaptive resonance": Grossberg, S. (1987). Competitive learning: from interactive activation to adaptive resonance. *Cognitive Science, 11*, 23–63.

Corpus callosum, commisures and cross-talk between the hemispheres: Kolb, B., & Whishaw, I. Q. (1996). *Fundamentals of Human Neuropsychology* (4th ed.). New York: W. H. Freeman.

Aphasia and left- vs. right-hemispheric damage: Luria, A. R. (1966). *Higher Cortical Functions in Man*. New York: Basic Books.

Aphasia and left- vs. right-hemispheric damage in children: Bates, E.

(1999). Plasticity, localization and language development. In S. Broman & J. Fletcher (Eds.), *The Changing Nervous System: Neurobehavioral Consequences of Early Brain Disorders* (pp. 214–253). New York: Oxford University Press.

Electric stimulation of the left temporal lobe and verbal hallucinatory-like experiences: Ojemann, G. A. (1983). Brain organization for language from the perspective of electrical stimulation mapping. *Behavioral and Brain Sciences, 6*, 189–230.

Auditory hallucinations in schizophrenia: Nasrallah, H. S. (Ed.). (1991). *Handbook of Schizophrenia*. New York; Amsterdam: Elsevier.

"Pathological" left-handedness: Orsini, D. L., & Satz, P. (1986). A syndrome of pathological left-handedness. Correlates of early left hemisphere injury. *Arch Neurol, 43*(4), 333–337.

Hyperphasia and Williams' syndrome: Personal communication from Dr. Oliver Sacks to E. Goldberg.

Damage to the right hemisphere, prosopagnosia and amusia: Luria, A. R. (1966). *Higher Cortical Functions in Man*. New York: Basic Books.

Larger *planum temporalem* and *frontal operculum* in the left hemisphere: Geschwind, N., & Levitsky, W. (1968). Human brain: left-right asymmetries in temporal speech region. *Science, 161*(837), 186–187.

Great apes and brain "language structures": LeMay, M., & Geschwind, N. (1975). Hemispheric differences in the brains of great apes. *Brain Behav Evol, 11*(1), 48–52; Gannon, P. J., Holloway, R. L., Broadfield, D. C., & Braun, A. R. (1998). Asymmetry of chimpanzee planum temporale: humanlike pattern of Wernicke's brain language area homolog. *Science, 279*(5348), 220–222.

Australopithecus and brain asymmetry: LeMay, M. (1976). Morphological cerebral asymmetries of modern man, fossil man, and nonhuman primate. *Ann NY Acad Sci, 280*, 349–366.

Yakovlevian torque: Geschwind, N., & Galaburda, A. M. (1985). Cerebral lateralization. Biological mechanisms, associations, and pathology. *Arch Neurol, 42*(5), 422–459.

Differences in the size of the *planum temporale* and *frontal operculum*: Geschwind, N., & Levitsky, W. (1968). Human brain: left-right asymmetries in temporal speech region. *Science, 161*(837), 186–187.

Brain asymmetries and cortical thicknesses: Galaburda, A. M., LeMay, M., Kemper, T. L., & Geschwind, N. (1978). Right-left asymmetrics in the brain. *Science, 199*(4331), 852–856; Diamond, M. C., Dowling, G. A., & Johnson, R. E. (1981). Morphologic cerebral cortical asymmetry in male and female rats. *Exp Neurol, 71*(2), 261–268; Diamond, M. C. (1985). Rat forebrain morphology: Right-left; male-female; young-old;

enriched-impoverished. In S. D. Glick (Ed.), *Cerebral laterality in nonhuman species*. New York: Academic Press.

Brain asymmetries and spindle cells: Blakeslee, S. (December 9, 2003). "Humanity? Maybe It's in the Wiring." *The New York Times,* pp. F1, 6.

Brain asymmetries and neurotransmitter pathways: Glick, S. D., Ross, D. A., & Hough, L. B. (1982). Lateral asymmetry of neurotransmitters in human brain. *Brain Res, 234*(1), 53–63; Sholl, S. A., & Kim, K. L. (1990). Androgen receptors are differentially distributed between right and left cerebral hemispheres of the fetal male rhesus monkey. *Brain Res, 516*(1), 122–126; Ebstein, R. P., Novick, O., Umansky, R., Priel, B., Osher, Y., Blaine, D., et al. (1996). Dopamine D4 receptor (D4DR) exon III polymorphism associated with the human personality trait of novelty seeking. *Nat Genet, 12*(1), 78–80.

Left-right hippocampal asymmetries and NMDA receptors: Kawakami, R., Shinohara, Y., Kato, Y., Sugiyama, H., Shigemoto, R., & Ito, I. (2003). Asymmetrical allocation of NMDA receptor epsilon2 subunits in hippocampal circuitry. *Science, 300*(5621), 990–994.

Brain asymmetries in fruit flies: Isabel, G., Pascual, A., & Preat, T. (2004). Exclusive consolidated memory phases in drosophila. *Science, 304*(5673), 1024–1027.

Left hemisphere as the repository of compressed knowledge: Goldberg, E., & Costa, L. D. (1981). Hemisphere differences in the acquisition and use of descriptive systems. *Brain Lang, 14*(1), 144–173.

Hemispheric specialization in left-handers: Rasmussen, T., & Milner, B. (1977). The role of early left-brain injury in determining lateralization of cerebral speech functions. *Ann NY Acad Sci, 299*, 355–369.

第 11 章　运转中的大脑二元性

Novelty-routinization theory: Goldberg, E., & Costa, L. D. (1981). Hemispheric differences in the acquisition and use of descriptive systems. *Brain Lang, 14*(1), 144–173.

Familiar vs. "twisted" verbal task and cerebral hemispheres: *Ibid.*

Familiar vs. unfamiliar visual task and cerebral hemispheres: Marzi, C. A., & Berlucchi, G. (1977). Right visual field superiority for accuracy of recognition of famous faces in normals. *Neuropsychologia, 15*(6), 751–756.

Functional neuroimaging and right-to-left "cognitive center of gravity" transfer: Haier, R. J., Siegel, B. V., Jr., MacLachlan, A., Soderling, E., Lottenberg, S., & Buchsbaum, M. S. (1992). Regional glucose metabolic changes after learning a complex visuospatial/motor task: a positron emission tomographic study. *Brain Res, 570*(1–2), 134–143; Raichle, M. E., Fiez, J. A., Videen, T. O., MacLeod, A. M., Pardo, J. V., Fox, P. T., et al. (1994). Practice-related changes in human brain functional anatomy during nonmotor learning. *Cereb Cortex, 4*(1), 8–26; Gold, J. M., Berman, K. F., Randolph, C., Goldberg, T. E., & Weinberger, D. (1996). PET validation of a novel prefrontal task: Delayed response alteration. *Neuropsychology, 10,* 3–10; Tulving, E., Markowitsch, H. J., Craik, F. E., Habib, R., & Houle, S. (1996). Novelty and familiarity activations in PET studies of memory encoding and retrieval. *Cereb Cortex, 6*(1), 71–79; Berns, G. S., Cohen, J. D., & Mintun, M. A. (1997). Brain regions responsive to novelty in the absence of awareness. *Science, 276*(5316), 1272–1275; Martin, A., Wiggs, C. L., & Weisberg, J. (1997). Modulation of human medial temporal lobe activity by form, meaning, and experience. *Hippocampus,* 7(6), 587–593; Shadmehr, R., & Holcomb, H. H. (1997). Neural correlates of motor memory consolidation. *Science, 277*(5327), 821–825; Henson, R., Shallice, T., & Dolan, R. (2000). Neuroimaging evidence for dissociable forms of repetition priming. *Science, 287*(5456), 1269–1272.

Gamma EEG and cerebral hemispheres: Kamiya, Y., Aihara, M., Osada, M., Ono, C., Hatakeyama, K., Kanemura, H., et al. (2002). Electrophysiological study of lateralization in the frontal lobes. *Japanese Journal of Cognitive Neuroscience, 3:1*, 88–191.

Figure 14: *Ibid.*

Novice vs. expert musicians and cerebral hemispheres: Bever, T. G., & Chiarello, R. J. (1974). Cerebral dominance in musicians and nonmusicians. *Science, 185*(150), 537–539.

The role of the right hemisphere in language acquisition in children: For detailed review see: Goldberg, E., & Costa, L. D. (1981). Hemispheric differences in the acquisition and use of descriptive systems. *Brain Lang, 14*(1), 144–173; Bates, E. (1999). Plasticity, Localization and Language Development. In S. Broman & J. Fletcher (Eds.), *The Changing Nervous System: Neurobehavioral Consequences of Early Brain Disorders* (pp. 214–253). New York: Oxford University Press; Bates, E., & Roe, K. (2001). Language Development in Children with Unilateral Brain Injury." In C. A. Nelson & M. Luciana (Eds.), *Handbook of Developmental Cognitive Neuroscience.* Cambridge: MIT Press.

Damage to the right hemisphere and language in adults: Basser, L. S. (1962). Hemiplegia of early onset and the faculty of speech with special reference to the effects of hemispherectomy. *Brain, 85*, 427–460; Dennis, M., & Whitaker, H. A. (1976). Language acquisition following hemidecortication: linguistic superiority of the left over the right hemisphere. *Brain Lang, 3*(3), 404–433; Bates, E. (1999). Plasticity, Localization and Language Development. In S. Broman & J. Fletcher (Eds.), *The Changing Nervous System: Neurobehavioral Consequences of Early Brain Disorders* (pp. 214–253). New York: Oxford University Press.

The role of the right hemisphere in language and age: Ibid.

"Eureka!-like" insight in verbal puzzles: Jung-Beeman, M., Bowden, E. M., Haberman, J., Frymiare, J. L., Arambel-Liu, S., Greenblatt, R., et al. (2004). Neural activity when people solve verbal problems with insight. *PLoS Biol, 2*(4), E97.

The brain dynamics of the second language: Kim, K. H., Relkin, N. R., Lee, K. M., & Hirsch, J. (1997). Distinct cortical areas associated with native and second languages. *Nature, 388*(6638), 171–174; Lee, S., Yeon, E., Lee, D., & Jung, K. (2003). *Cortical Representations in Korean-English Bilinguals.* Ninth Annual Meeting of the Organization for Human Brain Mapping Conference, New York City; Mechelli, A., Noppeney, U., O'Doherty, J., Ashburner, J., & Price, C. (2003). A Voxel-Based Morphometry Study of Monolinguals, Early Bilinguals and Late Bilinguals. Ninth Annual Meeting of the Organization for Human Brain Mapping Conference, New York City; Meyer, M., Goddard, G., Simonotto, E., McNamara, A., Azuma, R., Flett, S., et al. (2003). Differential Brain Responses to L1 and L2 in Near-Native L2 Speakers. Ninth Annual Meeting of the Organization for Human Brain Mapping Conference, New York City.

Right-hemispheric stroke in a bilingual: Barbara Kapetanakes, personal communication to E. Goldberg.

Associative agnosia and damage to the left hemisphere: Goldberg, E. (1990). Associative agnosias and the functions of the left hemisphere. *J Clin Exp Neuropsychol, 12*(4), 467–484.

Ideational apraxia and damage to the left hemisphere: *Ibid.*

Byron Rourke's contribution to understanding right-hemispheric dysfunction: Rourke, B. P. (1989). *Nonverbal Learning Disabilities: The Syndrome and the Model.* New York: The Guilford Press.

Right-to-left shift of the "center of cognitive gravity" throughout life span: Cabeza, R., Grady, C. L., Nyberg, L., McIntosh, A. R., Tulving, E. Kapur, S., et al. (1997). Age-related differences in neural activity during memory encoding and retrieval: a positron emission tomography study. *J Neurosci, 17*(1), 391–400; Madden, D. J., Turkington, T. G., Provenzale, J. M., Denny, L. L., Hawk, T. C., Gottlob, L. R., et al. (1999). Adult age differences in the functional neuroanatomy of verbal recognition memory. *Hum Brain Map,* 7(2), 115–135; Aihara, M., Aoyagi, K., Goldberg, E., & Nakazawa, S. (2003). Age shifts frontal cortical control in a cognitive bias task from right to left: part I. Neuropsychological study. *Brain & Development,* 25, 555–559; Brown, T. T., Lugar, H. M., Coalson, R. S., Miezin, F. M., Petersen, S. E. & Schlaggar, B. L. (2004). Developmental changes in human cerebral functional organization for word generation. *Cerebral Cortex,* bhh129 (Electronic version).

Left prefrontal activation in older adults: Cabeza, R., Anderson, N. D., Locantore, J. K., & McIntosh, A. R. (2002). Aging gracefully: compensatory brain activity in high-performing older adults. *Neuroimage, 17*(3), 1394–1402.

Jason Brown and Joseph Jaffe on cerebral dominance: Brown, J. W., & Jaffe, J. (1975). Hypothesis on cerebral dominance. *Neuropsychologia, 13*(1), 107–110.

Functional neuroimaging, frontal lobes and task familiarity: Jahanshahi, M., Dirnberger, G., Fuller, R., & Frith, C. D. (2000). The role of the dorsolateral prefrontal cortex in random number generation: a study with positron emission tomography. *Neuroimage, 12*(6), 713–725; Reichle, E. D., Carpenter, P. A., & Just, M. A. (2000). The neural bases of strategy and skill in sentence-picture verification. *Cognit Psychol, 40*(4), 261–295.

Carlsson's experiment on low and high creativity: Carlsson, I., Wendt, P. E., & Risberg, J. (2000). On the neurobiology of creativity. Differences in frontal activity between high and low creative subjects. *Neuropsychologia, 38*(6), 873–885.

Creative people and increased right frontal activity: Martindale, C., & Hines, D. (1975). Creativity and cortical activation during creative, intellectual and EEG feedback tasks. *Biol Psychol, 3*(2), 91–100; Carlsson, I., Wendt, P. E., & Risberg, J. (2000). On the neurobiology of creativity. Differences in frontal activity between high and low creative subjects. *Neuropsychologia, 38*(6), 873–885.

第 12 章　抑郁症——服用百忧解的麦哲伦

Left-hemispheric damage and depression: Gainotti, G. (1972). Emotional behavior and hemispheric side of the lesion. *Cortex, 8*(1), 41–55; Narushima, K., Kosier, J. T., & Robinson, R. G. (2003). A reappraisal of poststroke depression, intra- and inter-hemispheric lesion location using meta-analysis. *J Neuropsychiatry Clin Neurosci, 15*(4), 422–430.

Right-hemispheric damage and mania or *belle indifference*: Goldstein, K.

(1939). *The Organism*. New York: American Books; Gainotti, G. (1972). Emotional behavior and hemispheric side of the lesion. *Cortex, 8*(1), 41–55.

Right-hemispheric damage and "anosognosia": Heilman, K., & Valenstein, E. (Eds.). (1993). *Clinical Neuropsychology.* New York: Oxford University Press.

Left hemineglect: *Ibid.*

"Alien hand" phenomenon: Goldberg, G., & Bloom, K. K. (1990). The alien hand sign. Localization, lateralization and recovery. *Am J Phys Med Rehabil*, 69(5), 228–238.

Left frontal lobe damage and depression: Robinson, R. G., Kubos, K. L., Starr, L. B., Rao, K., & Price, T. R. (1984). Mood disorders in stroke patients. Importance of location of lesion. *Brain 107* (Pt 1), 81–93; Davidson, R. (1995). Cerebral Assymetry, Emotion, and Affective Style. In R. Davidson & K. Hugdahl (Eds.), *Brain Assymetry* (pp. 361–388). Cambridge, MA: The MIT Press.

Right frontal damage and mania or euphoria: Starkstein, S. E., Boston, J. D., & Robinson, R. G. (1988). Mechanisms of mania after brain injury. 12 case reports and review of the literature. *J Nerv Ment Dis*, 176(2), 87–100.

Pathological crying and pathological laughter: Tucker, D. M., Stenslie, C. E., Roth, R. S., & Shearer, S. L. (1981). Right frontal lobe activation and right hemisphere performance. Decrement during a depressed mood. *Arch Gen Psychiatry*, 38(2), 169–174; Sackeim, H. A., Greenberg, M. S., Weiman, A. L., Gur, R. C., Hungerbuhler, J. P., & Geschwind, N. (1982). Hemispheric asymmetry in the expression of positive and negative emotions. Neurologic evidence. *Arch Neurol*, 39(4), 210–218.

Research by Richard Davidson: Davidson, R. (1995). Cerebral Assymetry, Emotion, and Affective Style. In R. Davidson & K. Hugdahl (Eds.), *Brain Assymetry* (pp. 361–388). Cambridge, MA: The MIT Press.

Expression vs. recognition of emotions: Ibid.

Unpleasant or sad images and right-hemispheric activation: Tomarken, A. J., Davidson, R. J., Wheeler, R. E., & Doss, R. C. (1992). Individual differences in anterior brain asymmetry and fundamental dimensions of emotion. *J Pers Soc Psychol*, 62(4), 676–687.

Memory loss and right-frontal activation: Davidson, R. (1995). Cerebral Asymmetry, Emotion, and Affective Style. In R. Davidson & K. Hugdahl (Eds.), *Brain Asymmetry* (pp. 361–388). Cambridge, MA: The MIT Press.

Meditation and left prefrontal activation: Kalb, C. (November 10, 2003). Faith and Healing. *Newsweek, CXLII,* 44–56.

Emotional styles and hemispheric activation: Davidson, R. (1995). Cerebral Asymmetry, Emotion, and Affective Style. In R. Davidson & K. Hugdahl (Eds.), *Brain Asymmetry* (pp. 361–388). Cambridge, MA: The MIT Press.

Sadness and depression when left frontal activation is impaired: Henriques, J. B., & Davidson, R. J. (1991). Left frontal hypoactivation in depression. *J Abnorm Psychol*, 100(4), 535–545.

Right frontal activation in negative emotions: Wheeler, R. E., Davidson, R. J., & Tomarken, A. J. (1993). Frontal brain asymmetry and emotional reactivity: a biological substrate of affective style. *Psychophysiology*, 30(1), 82–89.

Virtual ballgame experiment: Eisenberger, N. I., Lieberman, M. D., & Williams, K. D. (2003). Does rejection hurt? An FMRI study of social exclusion. *Science*, 302(5643), 290–292.

Left and right frontal activation in infants: Davidson, R. J., & Fox, N. A. (1989). Frontal brain asymmetry predicts infants' response to maternal separation. *J Abnorm Psychol*, 98(2), 127–131.

Right and left amygdala activation: Roeder, C., Mueller, J., Sommer, M., Zanella, F., & Linden, D. (2003). Valence But Not Arousal Correlates with Limbic Activity in Emotional Probe Processing in Female Subjects. Paper presented at the Human Brain Mapping, New York City.

Right amydgala and the appreciation of facial expressions of fear: Thomas, K. M., Drevets, W. C., Whalen, P. J., Eccard, C. H., Dahl, R. E., Ryan, N. D., et al. (2001). Amygdala response to facial expressions in children and adults. *Biol Psychiatry*, 49(4), 309–316.

Selecting from restaurant menu: Arana, F. S., Parkinson, J. A., Hinton, E., Holland, A. J., Owen, A. M., & Roberts, A. C. (2003). Dissociable contributions of the human amygdala and orbitofrontal cortex to incentive motivation and goal selection. *J Neurosci*, 23(29), 9632–9638.

Right amygdala and Generalized Anxiety Disorder: De Bellis, M. D., Casey, B. J., Dahl, R. E., Birmaher, B., Williamson, D. E., Thomas, K. M., et al. (2000). A pilot study of amygdala volumes in pediatric generalized anxiety disorder. *Biol Psychiatry*, 48(1), 51–57.

Right amygdala and facial expressions of fear: Anderson, A. K., Spencer, D. D., Fulbright, R. K., & Phelps, E. A. (2000). Contribution of the anteromedial temporal lobes to the evaluation of facial emotion. *Neuropsychology*, 14(4), 526–536.

Brain structures involved in the regulation of emotions: Kolb, B., & Whishaw, I. Q. (1996). *Fundamentals of Human Neuropsychology* (4th ed.). New York: W.H. Freeman.

Lateralization of neurotransmitters (norepinephrine and dopamine): Glick, S. D., Ross, D. A., & Hough, L. B. (1982). Lateral asymmetry of neurotransmitters in human brain. *Brain Res*, 234(1), 53–63.

Dopamine and stereotypic behaviors: Tucker, D. M., & Williamson, P. A. (1984). Asymmetric neural control systems in human self-regulation. *Psychol Rev*, 91(2), 185–215.

Dopamine and addiction: *Ibid.*

Norepinephrine and novelty-seeking: *Ibid.*

Norepinephrine in depression: Delgado, P. L., & Moreno, F. A. (2000). Role of norepinephrine in depression. *J Clin Psychiatry, 61 Suppl 1*, 5–12.

Serotonin in depression: D'Haenen, H., Bossuyt, A., Mertens, J., Bossuyt-Piron, C., Gijsemans, M., & Kaufman, L. (1992). SPECT imaging of serotonin2 receptors in depression. *Psychiatry Res*, 45(4), 227–237.

Kay Redfield Jamison on creativity and psychiatric illness: Jamison, K. (1994). *Touched with Fire: Manic Depressive Illness and the Artistic Temperament.* New York: Free Press Paperbacks; Jamison, K. (1997). *An Unquiet Mind: A Memoir of Moods and Madness.* New York: Vintage Books.

Jablow Hershman and Julian Leib on manic-depressive disorder and creativity: Hershman, D. J., & Leib, J. (1988). *The Key to Genius: Manic-Depression and the Creative Life.* Amherst, NY: Prometheus Books.

Michaelangelo's depression: Hershman, D. J., & Lieb, J. (1998). *Manic Depression and Creativity.* Amherst, NY: Prometheus Books.

Manic-depresive disorder in Napoleon, Hitler and Stalin: Hershman, D. J., & Lieb, J. (1994). *A Brotherhood of Tyrants: Manic-Depression & Absolute Power.* Amherst, NY: Prometheus Books.

Manic-depresive disorder in Potyomkin: Binyon, T. (2003). *Pushkin: A Biography.* New York: Knopf.

Depression as a risk factor for dementia: Roberts, G. W., Leigh, P. N., & Weinberger, D. R. (1993). *Neuropsychiatric Disorders.* London: Wolfe.

Charles Murray's ranking of historic personalities: Murray, C. A. (2003). *Human Accomplishment: The Pursuit of Excellence in the Arts and Sciences, 800 BC to 1950.* New York: HarperCollins.

Connie Strong and Terence Ketter on creative personality: Strong, C., & Ketter, T. (2002, 5/21/2002). *Negative Affective Traits and Openness Have Differential Relationships to Creativity.* Paper presented at the APA Annual Meeting, Philadelphia, PA.

Brain activation patterns in manic and depressed states: Dr. David Silbersweig, personal communication to Elkhonon Goldberg.

Brain activation profile of manic-depressive disorder: Baxter, L. R., Jr., Schwartz, J. M., Phelps, M. E., Mazziotta, J. C., Guze, B. H., Selin, C. E., et al. (1989). Reduction of prefrontal cortex glucose metabolism common to three types of depression. *Arch Gen Psychiatry*, 46(3), 243–250; Delvenne, V., Delecluse, F., Hubain, P. P., Schoutens, A., De Maertelaer, V., & Mendlewicz, J. (1990). Regional cerebral blood flow in patients with affective disorders. *Br J Psychiatry*, 157, 359–365 Migliorelli, R., Starkstein, S. E., Teson, A., de Quiros, G., Vazquez, S., Leiguarda, R., et al. (1993). SPECT findings in patients with primary mania. *J Neuropsychiatry Clin Neurosci*, 5(4), 379–383; Bonne, O., Krausz, Y., Gorfine, M., Karger, H., Gelfin, Y., Shapira, B., et al. (1996). Cerebral hypoperfusion in medication resistant, depressed patients assessed by Tc99m HMPAO SPECT. *J Affect Disord*, 41(3), 163–171.

Subtypes of depression: *Diagnostic and Statistical Manual of Mental Disorder—IV—Text Revision* (4 ed.)(2000). Washington, DC: American Psychiatric Association.

Changes in amygdala activity with age: Leigland, L. A., Schulz, L. E., & Janowsky, J. S. (2004). Age related changes in emotional memory. *Neurobiol Aging*, 25(8), 1117–1124.

第 13 章　夏季的一个下雨天

Sulcar shallowing in aging: Rettmann, M., Prince, J., & Resnick, S. (2003). *Analysis of Sulcal Shape Changes Associated with Aging*. Ninth Annual Meeting of the Organization for Human Brain Mapping, New York City.

Insula in aging: Grieve, S., Clark, R., & Gordon, E. (2003). *Brain Volume and Regional Tissue Distribution in 193 Normal Subjects Using Structural MRI: The Effect of Gender, Handedness and Age*. Ninth Annual Meeting of the Organization for Human Brain Mapping, New York City.

Voxel morphometry in aging: Taki, Y., Goto, R., Evans, A., Sato, K., Kinomura, S., Ono, S., et al. (2003). *Voxel Based Morphometry of Age Related Structural Change of Gray Matter for Each Decade in Normal Male Subjects*. Ninth Annual Meeting of the Organization for Human Brain Mapping, New York City.

Brain size reduction in the elderly with depression: Ballmaier, M., Kumar, M., Sowell, E., Thompson, P., Blanton, R., Lavretsky, H., et al. (2003). *Cortical Abnormalities in Elderly Depressed Patients*. Ninth Annual Meeting of the Organization for Human Brain Mapping, New York City.

Age, gender, handedness, and brain volume: Rex, D., & Toga, A. (2003). *Age, Gender, and Handedness Influences on Relative Tissue Volumes in the Human Brain*. Ninth Annual Meeting of the Organization for Human Brain Mapping, New York City.

Changes on WAIS IQ tests with aging: Lezak, M D., Howieson, D. B., &

Loring, D. W. (2004). *Neuropsychological Assessment* (4 ed.). New York: Oxford University Press. Technically, what declines is not Verbal IQ or Performance IQ per se, but the performance on the tests used to measure them. Then the values are age-corrected to keep the IQ quotients constant.

第 14 章　勤动脑、多受益

Fernando Nottenbohm on neuroplasticity: Nottehbom, F. (1977). Assymetries of neural control of vocalization in the canary. In S. Harnard, R. W. Doty, L. Goldstein, & J. Jaynes, (Eds.), *Lateralization in the Nervous System* (pp. 23–44). New York: Academic Press.

Neuronal proliferation in monkeys: Gould, E., Reeves, A. J., Graziano, M. S., & Gross, C. G. (1999). Neurogenesis in the neocortex of adult primates. *Science*, 286(5439), 548–552.

Neuronal proliferation in hippocampi: Gould, E., & Gross, C. G. (2002). Neurogenesis in adult mammals: some progress and problems. *J Neurosci*, 22(3), 619–623.

Brain structures vulnerable in aging and dementia: Raz, N. (2000). Aging of the brain and its impact on cognitive performance: integration of structural and functional findings. In F. Craik & T. Salthouse (Eds.), *The Handbook of Aging and Cognition* (2nd ed., pp. 1–90). Mahwah, NJ: Lawrence Erlbaum Associates.

Brain derived neurotrophic factor levels: Cotman, C. W., & Berchtold, N. C. (2002). Exercise: a behavioral intervention to enhance brain health and plasticity. *Trends Neurosci*, 25(6), 295–301.

For general review on neuroplasticity: Schwartz, J., & Begley, S. (2002). *The Mind and the Brain: Neuroplasticity and the Power of Mental Force*. New York: Regan Books.

Neurogenesis in human hippocampi: Eriksson, P. S., Perfilieva, E., Bjork-Eriksson, T., Alborn, A. M., Nordborg, C., Peterson, D. A., et al. (1998). Neurogenesis in the adult human hippocampus. *Nat Med*, 4(11), 1313–1317.

Neurogenesis in Alzheimer's disease: Shors, T. J. (2003). Can new neurons replace memories lost? *Science of Aging Knowledge Environment*, 49, 35–38.

Hippocampi in cab drivers: Maguire, E. A., Gadian, D. G., Johnsrude, I. S., Good, C. D., Ashburner, J., Frackowiak, R. S., et al. (2000). Navigation-related structural change in the hippocampi of taxi drivers. *Proc Natl Acad Sci USA*, 97(8), 4398–4403.

Inflammation and neurogenesis: Monje, M. L., Toda, H., & Palmer, T. D. (2003). Inflammatory blockade restores adult hippocampal neurogenesis. *Science*, 302(5651), 1760–1765.

Angular gyrus in bilinguals: Mechelli, A., Noppeney, U., O'Doherty, J., Ashburner, J., & Price, C. (2003). *A Voxel-Based Morphometry Study of Monolinguals, Early Bilinguals and Late Bilinguals*. Ninth Annual Meeting of the Organization for Human Brain Mapping, New York City.

Luria on angular gyrus: Luria, A. R. (1970). *Traumatic Aphasia*: The Hague: Mouton.

Heschl's gyrus in musicians: Schneider, P., Scherg, M., Dosch, H. G., Specht, H. J., Gutschalk, A., & Rupp, A. (2002). Morphology of Heschl's gyrus reflects enhanced activation in the auditory cortex of musicians. *Nat Neurosci*, 5(7), 688–694.

Brain changes in jugglers: Draganski, B., Gaser, C., Busch, V., Schuierer, G., Bogdahn, U., & May, A. (2004). Neuroplasticity: changes in grey matter induced by training. *Nature*, 427(6972), 311–312.

Cell migration in rodents and humans: Sanai, N., Tramontin, A. D., Quinones-Hinojosa, A., Barbaro, N. M., Gupta, N., Kunwar, S., et al. (2004). Unique astrocyte ribbon in adult human brain contains neural stem cells but lacks chain migration. *Nature*, 427(6976), 740–744.

"Immigration denied": Rakic, P. (2004). Neuroscience: immigration denied. *Nature*, 427(6976), 685–686.

Function vs. neuropathology: Katzman, R., et al. (1988). Clinical, pathological, and neurochemical changes in dementia; a subgroup with preserved mental status and numerous neocortical plaques. *Ann Neurol*. 23: 53–59.

School Sisters of Notre Dame: Snowdon, D. (2001). *Aging with grace*. New York: Bantam Books.

第 15 章　认知训练

MacArthur Project: Albert, M. S., Jones, K., Savage, C. R., Berkman, L., Seeman, T., Blazer, D., et al. (1995). Predictors of cognitive change in older persons: MacArthur studies of successful aging. *Psychol Aging*, 10(4), 578–589; Rowe, J., & Kahn, R. (1998). *Successful Aging*. New York: Random House.

Miller on evolutionary origins of art: Miller, G. (2001). *The Mating Mind*. New York: Anchor Books.

Art as "throwaway" activity: *Ibid*.

Beth Neimann on Mozart effect: Personal communication to E. Goldberg.

Memory enhancement programs: Cavallini, E., Pagnin, A., & Vecchi, T. (2003). Aging and everyday memory: the beneficial effect of memory training. *Arch Gerontol Geriatr*, 37(3), 241–257; Ball, K., Berch, D. B., Helmers, K. F., Jobe, J. B., Leveck, M. D., Marsiske, M., et al. (2002). Effects of cognitive training interventions with older adults: a randomized controlled trial. *JAMA*, 288(18), 2271–2281; Rapp, S., Brenes, G., & Marsh, A. P. (2002). Memory enhancement training for older adults with mild cognitive impairment: a preliminary study. *Aging Ment Health*, 6(1), 5–11; Schaie, K. W., & Willis, S. L. (1986). Can decline in adult intellectual functioning be reversed? *Developmental Psychology*, 22(2), 223.

Taub's rehabilitation method: Taub, E., & Morris, D. M. (2001). Constraint-induced movement therapy to enhance recovery after stroke. *Curr Atheroscler Rep*, 3(4), 279–286.

尾声：智慧的价值

Sir Edward Dyer's poem: Sargent, R. M. (1968). *The Life and lyrics of Sir Edward Dyer* (formerly entitled *At the Court of Queen Elizabeth*). Oxford: Clarendon P.